小学生 C++编程入门

◎ 喻蓉蓉 编著

U0285950

清華大学出版社
北京

内容简介

本书是专为小学生量身打造的零基础 C++入门编程书，旨在帮助小学生打开编程之门。全书共 11 章，主要包括初识 C++语言、C++基础知识、程序结构、顺序结构、选择结构、循环结构、一维数组、二维数组、字符数组、函数、结构体。本书根据小学生的认知特点和学情分析，合理取舍、精心挑选出 119 道 C++编程的经典实例和 100 道实践园习题，并配有详细的例题解析和习题答案。让小学生在学习过程中，不仅知其然，更要知其所以然，以期达到最佳的学习效果。

本书适合有一定数学基础的中、高年级小学生，以及初学编程的自学者和编程爱好者使用，也适合参加信息学奥林匹克竞赛（以下简称“信息学奥赛”）的学生作为教材使用，还可作为一线信息技术教师学习 C++语言的入门教材。

本书封面贴有清华大学出版社防伪标签，无标签者不得销售。
版权所有，侵权必究。举报：010-62782989，beiqinquan@tup.tsinghua.edu.cn。

图书在版编目（CIP）数据

小学生 C++编程入门/喻蓉蓉编著．—北京：清华大学出版社，2021.3（2024.11重印）
ISBN 978-7-302-56622-9

Ⅰ．①小… Ⅱ．①喻… Ⅲ．①C++语言－程序设计－少儿读物 Ⅳ．①TP312.8

中国版本图书馆 CIP 数据核字（2020）第 194257 号

责任编辑：王剑乔
封面设计：刘　键
责任校对：刘　静
责任印制：曹婉颖

出版发行：清华大学出版社
网　　址：https://www.tup.com.cn，https://www.wqxuetang.com
地　　址：北京清华大学学研大厦 A 座　　**邮　　编**：100084
社 总 机：010-83470000　　**邮　　购**：010-62786544
投稿与读者服务：010-62776969，c-service@tup.tsinghua.edu.cn
质量反馈：010-62772015，zhiliang@tup.tsinghua.edu.cn
印 装 者：三河市龙大印装有限公司
经　　销：全国新华书店
开　　本：185mm×260mm　　**印　　张**：16.75　　**字　　数**：405 千字
版　　次：2021 年 3 月第 1 版　　**印　　次**：2024 年 11 月第 8 次印刷
定　　价：56.00 元

产品编号：089664-01

序 一

FOREWORD

人工智能时代正在加速到来，这不断地冲击着我们的生产、生活、学习等各个领域。2017 年 7 月，国务院印发了《新一代人工智能发展规划》，明确指出人工智能成为国际竞争的新焦点，应逐步开展全民人工智能教育项目，在中小学阶段设置人工智能相关课程，逐步推广编程教育，建设人工智能学科，培养复合型人才，形成我国人工智能人才高地。

2019 年 8 月，教育部发布的《关于 2019—2021 年基础学科拔尖学生培养基地建设工作的通知》中也明确将计算机科学作为基础学科之一，从而引导优秀的学生投身到基础科学的研究中，以促进优秀的拔尖人才在基础学科领域中的成长。

喻蓉蓉老师长期工作在教育一线，有着丰富的信息技术学科教学实践经验。特别是近些年来，她从事信息学奥赛工作，培养了一批又一批才华出众的学生。在竞赛培养的教学过程中，她积累了大量的编程教学经验，从学生的学习出发，通过大量的经典例题分析，将深奥抽象的程序设计概念变得通俗易懂，逐步培养起学生对编程的兴趣，进而使他们深入学习编程，为他们今后成为高端拔尖人才打下坚实的基础。

本书解决了“小学生想学编程却没有合适教材的难题”。它从基础开始，循序渐进，将编程与生活、学习过程中趣味性很强的实例相结合，使得编程学习的过程充满了乐趣。同时，每课后都配有实践园习题及答案，便于学生学练结合，巩固所学知识。本书让学生在轻松的氛围中自然而然地学习和体会编程背后的本质思想，充分调动了学生的脑力、创造力和动手实践能力。相信通过这本书，一定会让更多的孩子爱上编程，为他们打开编程世界的大门。

王少峰

南京市教学研究室信息技术　教研员

江苏省中小学《信息技术》教材　编委

序 二

FOREWORD

近年来，人工智能飞速地发展。编程教育，尤其是少儿编程教育，在全球范围内得到了广泛的关注。目前，全球已有超过 24 个国家将编程教育纳入基础教育体系。2017 年 7 月，国务院在《新一代人工智能发展规划》中明确提出，要求在中小学阶段设置人工智能相关课程，逐步推广编程教育。可见，编程教育正呈现低龄化发展趋势。

虽然社会上“少儿编程热”有增无减，但想要寻找一套完全适合小学（少儿）阶段的 C++编程语言类的书籍则少之又少。对于小学生而言，编程学习本就不易，加之没有合适的书籍，更是步履维艰，不合适的书籍让部分原本对编程学习感兴趣的小学生产生了畏难情绪，逐渐放弃编程学习。相反，若有合适的书籍，如同有东风助力，能让小学生在编程语言的学习道路上畅通无阻。

本书立足于一线教师教学实践，从小学中、高年级学生的学情现状和实际需求入手，将抽象的 C++语言以一种适合小学生思维特点（处于形象思维到抽象思维过渡的阶段）的方式一一进行阐述。本书每课内容分为导学牌、经典例题及分析和实践园三大块，这样的安排有助于小学生自主探究学习能力、分析解决问题能力和创新能力的培养。选用 C++这门经久不衰的程序设计语言，目的在于向小学生渗透程序设计的思想，开发和锻炼小学生程序设计的能力。

本书内容不仅适合中、高年级的小学生，也适合有志于投身小学编程教育的一线信息技术教师，故此推荐。

刘宁钟

南京航空航天大学计算机科学与技术学院　教授　博士生导师

江苏省青少年信息学奥赛委科学委员会　委员

前 言

PREFACE

一、本书的写作背景

美国苹果公司联合创始人史蒂夫·乔布斯说，这个国家的每个人都应该学习如何编写程序，学习一种计算机语言，因为它教会你如何思考。正如上法学院未必要当律师，但学习法律可以教会你如何从法律的角度思考问题。同样地，编程教会你以一种不同的思维方式思考问题。小学生学习编程不是为了学习某种编写程序的技巧，而是为了在学习编程的过程中，逐步培养他们的编程思维能力，编程思维使他们能够更科学、更合理地解决学习和生活中遇到的问题。

自 2017 年 3 月起，南京外国语学校仙林分校成立了小学生 C++编程社团兴趣班，通过三年的教学实践证实，合适的教材和得当的教学方法能让学生更好地学习这门编程语言。

在三年的 C++编程教学实践探索中，我不断实践、思考、总结、修正，根据小学生的实际情况不断地完善、改进教学方法，优化、提升教学效果。但是在实施 C++编程教学的过程中，随着教学内容的深入，我逐渐感觉到市面上的 C++编程书籍不适合小学教学现状，也无法满足小学生的学习需求。于是，我决定从小学生的角度出发，结合自身三年的教学实践，依托小学生的学情现状，编写了这本 C++编程书籍——《小学生 C++编程入门》。

二、本书的内容结构

本书是一本专为小学生量身打造的零基础 C++入门编程书，这不是一本用于考试研究的书，而是一本帮助小学生打开编程之门的参考书。

本书共 11 章，主要包括初识 C++语言、C++基础知识、程序结构、顺序结构、选择结构、循环结构、一维数组、二维数组、字符数组、函数、结构体。本书共为小学生精心挑选了 219 道经典编程题(119 道每课例题和 100 道实践园习题)，其中一半以上的编程题都来自网站 http://noi.openjudge.cn/，这是一个在线测评系统，到目前为止，该测评系统由编程基础、基本算法、数据结构、算法提高和小学奥数五大模块组成。本书从小学生的最近发展区出发，从测评系统的编程基础、基本算法和小学奥数三大模块中精心挑选出部分适合小学生的经典编程题。这样安排，主要是便于小学生在自学本书或者教师指导后，能及时地在该网站在线提交自己的程序作品，及时地检验学习效果。这样一来，小学生即使没有老师的指导，也能自己独立完成学习任务。另外，本书配有实践园习题和答案，帮助小学生练习和答疑解惑。

三、本书的特色

1. 由浅入深,循序渐进

小学生的思维正处在形象思维向抽象思维过渡的阶段,因此本书在学习内容的安排上,根据小学生的知识水平和接受能力,遵循循序渐进的学习原则,由浅入深,步步推进,层层深入,以简洁明了、通俗易懂的语言,向小学生介绍抽象的C++编程的基础知识,并通过例题讲解来巩固、拓宽所学知识。

2. 经典实例,详细解析

根据小学生的认知特点和学情分析,本书合理取舍、精心挑选出119道C++编程的经典实例,对每课中的每一道例题都有详细的解析,并尽可能地延伸和拓展。让小学生在学习过程中,不仅知其然,更要知其所以然,以达到最佳的学习效果。

3. 学练结合,有效拓展

本书的每一课都有实践园习题,并配有详细的解析和答案,这是本书的有效补充和拓展提升。学生通过每课的学习与实践园练习,可以逐步地提高编程的能力和水平。

本书中来自在线测评网站(http://noi.openjudge.cn/)的编程题均已标出具体题号,方便学生迅速地在网站中找到对应的编程题,并进行在线测评,检验成果。

四、本书的适合人群

本书适合有一定数学基础的中、高年级的小学生,初学编程的自学者和编程爱好者以及一线信息技术老师作为编程入门教材使用。另外,由于CCF(中国计算机协会)规定,从2022年开始,信息学奥赛的相关比赛仅支持C++语言,因此本书还适合参加信息学奥赛的学生作为教材使用。

五、致谢

感谢北京大学创办的在线测评网站(http://noi.openjudge.cn/),小学生可以在该网站提交程序,进行自我检测,这给小学生及时检测自己的学习提供了极大的技术支持与帮助。学过编程的同学都会有这样的感受:编程是练会的,而不是听或者看会的。因此,建议同学们在学习编程时,不能仅仅满足于掌握理论,更应将自己编写的程序放入编译器中运行调试,然后得出结果。

感谢南京市教学研究室信息技术教研员王少峰老师和南京航天航空大学计算机科学与技术学院的刘宁钟教授在百忙之中为本书作序。

感谢南京外国语学校仙林分校董正璟校长为本书写推荐语。

感谢南京市栖霞区教育局教研室信息技术教研员华柏胜老师给予我的帮助与鼓励。

感谢南京外国语学校仙林分校小学部张蕾芬校长、任志刚副校长和特级教师王倩主任在我编写本书过程中给予我极大的关心、鼓励和支持,正是因为你们,我才有追求进步的勇气和信心。感谢南京外国语学校仙林分校信息组的吴越老师、马杰老师、翁文强老师、殷青青老师、佘艳老师以及孙弦老师对我创办C++编程兴趣班以及出版本书的支持和帮助。

感谢南京外国语学校李曙老师给予的耐心指导和宝贵的意见。感谢南京市栖霞区实验小学袁甫老师和徐钦老师提供的帮助与专业的参考意见。感谢吴培老师在我犹豫不决时，给予我的鼓励。

感谢南京外国语学校仙林分校2015级C++社团兴趣班的傅子誉、牛子路、龚子涵、朱梓睿、刘姝君、戴翌晨、还佳齐、程坤、陈浩然、徐子卿、冯一之和穆迪悠等同学，感谢你们和我一起多次校对书稿，并给予我一些好的想法和建议，感谢你们为本书的付出！

感谢冯一之同学为本书手绘了有趣的插图。

六、结语

本书编写的动力来自2017年3月我校开创小学生C++编程兴趣班的教学实践经历。在编写过程中，我结合多年教学实践，尽可能地从小学生的实际需求出发，精益求精。若有疏漏，敬请广大读者批评、指正，本人将不胜感激。

喻蓉蓉

2020年7月

本书勘误及资源更新.txt

例题源程序.rar

实践园习题源程序.rar

（扫描二维码可下载使用）

目录

CONTENTS

Chapter 1

第1章

初识C++语言

C++语言是从C语言发展而来的。早在1982年,美国AT&T公司贝尔实验室的本贾尼·施特劳斯特卢普(Bjarne Stroustrup)博士在C语言的基础上引入并扩充了面向对象的概念,发明了一种新的程序语言——C++语言。本贾尼·施特劳斯特卢普博士被尊称为C++语言之父。

本书将学习C++语言的基础部分,不包括它面向对象的部分,因此和C语言有极大的相似度。

第 1 课　安装 Dev-C++软件

导学牌

学会安装 Dev-C++编译器。

在正式学习 C++之前，必须先在计算机上搭建 C++语言环境，本书使用 Dev-C++软件来完成 C++程序的编写、编译、运行和调试。本节课将介绍 Dev-C++的安装。

（1）获取 Dev-C++安装包，如图 1.1 所示。

（2）双击安装包进行安装，如图 1.2 所示。

（3）单击 OK 按钮，如图 1.3 所示。

图　1.1

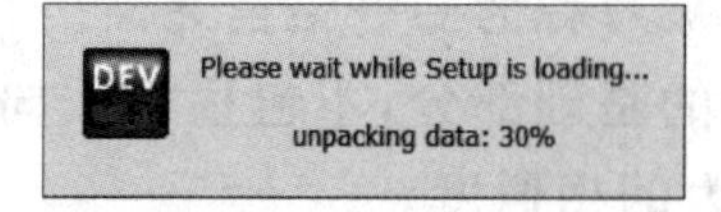

图　1.2

图　1.3

（4）单击 I Agree 按钮，如图 1.4 所示。

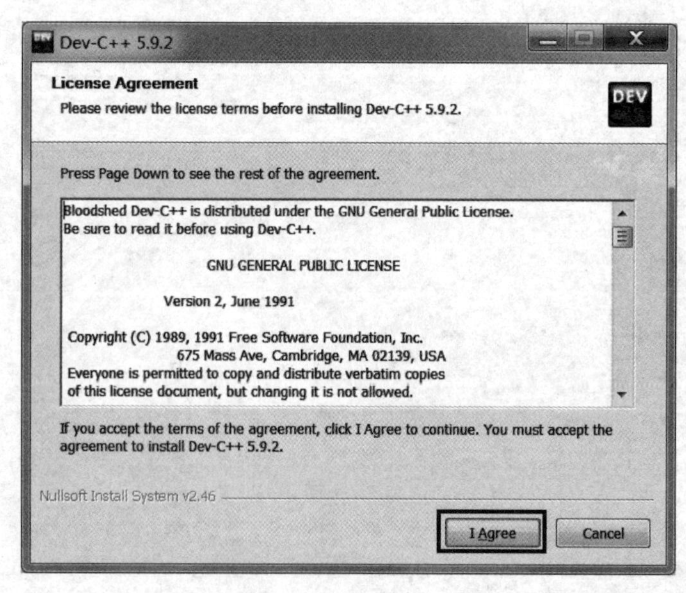

图　1.4

(5) 单击 Next 按钮,如图 1.5 所示。

(6) 安装路径默认为 C 盘,可以点 Browse...按钮更改安装路径,单击 Install 按钮,如图 1.6 所示。

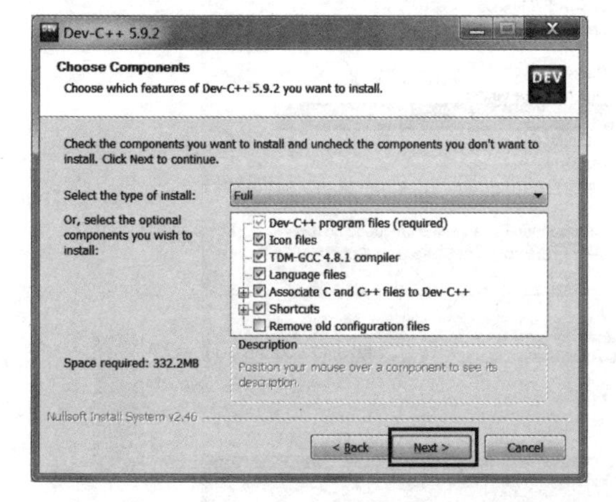

图 1.5

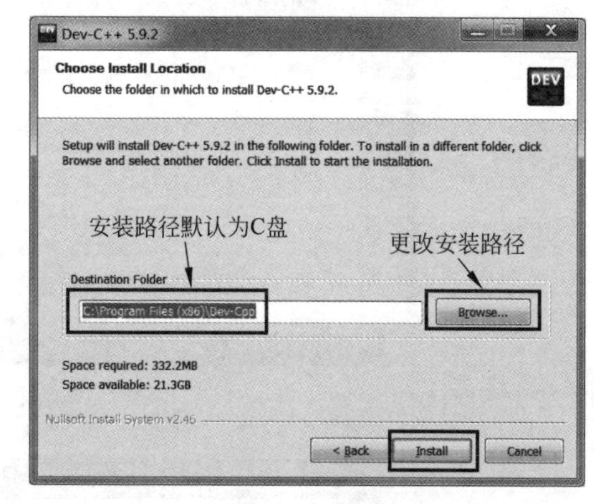

图 1.6

(7) 单击 Install 按钮后,进行安装,如图 1.7 所示。

(8) 单击 Finish 按钮,完成安装,如图 1.8 所示。

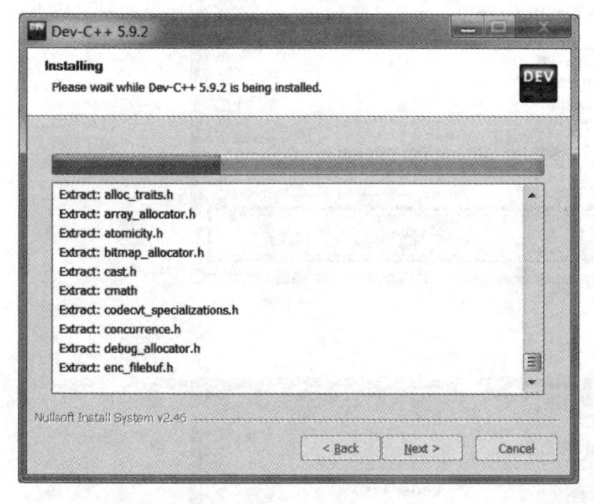

图 1.7

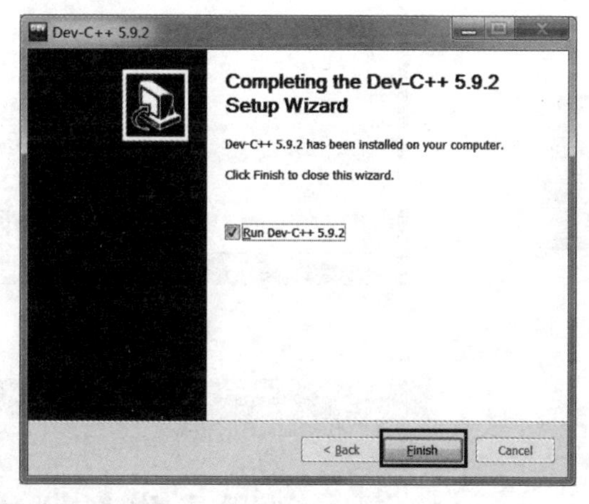

图 1.8

(9) 第一次打开 Dev-C++时,默认语言是 English(Original),如图 1.9 所示。

(10) 重新选择语言"简体中文/Chinese",再单击 Next 按钮,如图 1.10 所示。

(11) 单击 Next 按钮,如图 1.11 所示。

(12) Dev-C++设置成功,单击 OK 按钮,完成安装,如图 1.12 所示。

(13) 安装完成后,进入 Dev-C++界面,如图 1.13 所示。

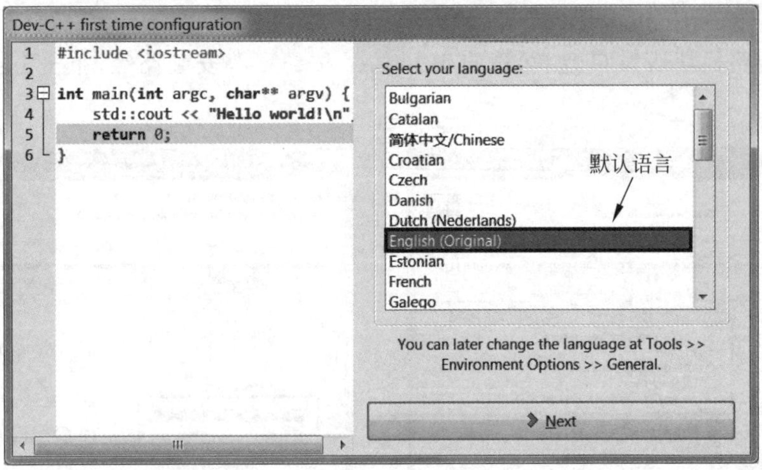

Dev-C++ first time configuration

```
1  #include <iostream>
2
3  int main(int argc, char** argv) {
4      std::cout << "Hello world!\n"
5      return 0;
6  }
```

Select your language:

Bulgarian
Catalan
简体中文/Chinese
Croatian
Czech
Danish
Dutch (Nederlands)
English (Original)
Estonian
French
Galego

默认语言

You can later change the language at Tools >> Environment Options >> General.

Next

图 1.9

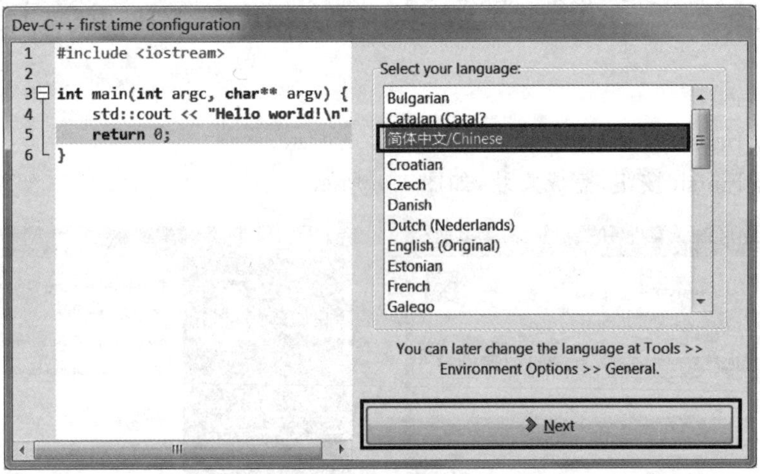

Dev-C++ first time configuration

```
1  #include <iostream>
2
3  int main(int argc, char** argv) {
4      std::cout << "Hello world!\n"
5      return 0;
6  }
```

Select your language:

Bulgarian
Catalan (Catal?
简体中文/Chinese
Croatian
Czech
Danish
Dutch (Nederlands)
English (Original)
Estonian
French
Galego

You can later change the language at Tools >> Environment Options >> General.

Next

图 1.10

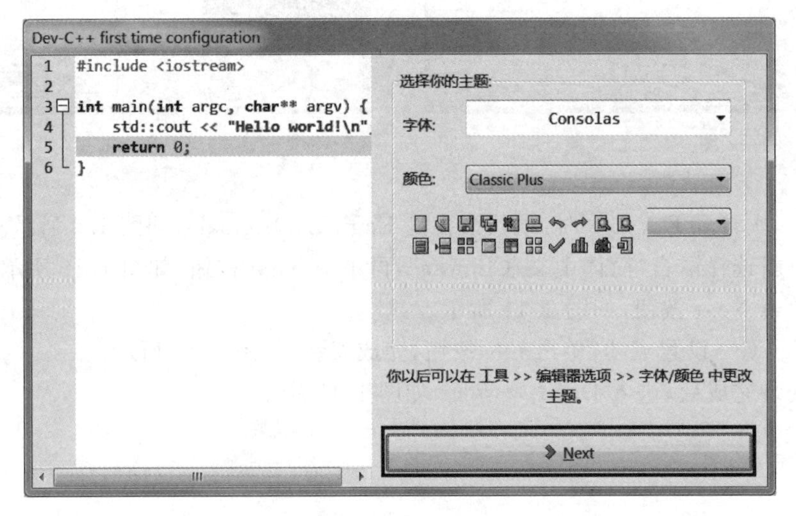

图 1.11

Dev-C++ first time configuration

```
1  #include <iostream>
2
3  int main(int argc, char** argv) {
4      std::cout << "Hello world!\n"
5      return 0;
6  }
```

Dev-C++ 已设置成功。

如果你想在使用Dev-C++时需要帮助，请参见帮助菜单里的Dev-C++帮助文件或给开发者发一个消息(他不会介意!).

你还可以下载文件包(如库和工具)通过Dev-C++使用WebUpdate，你可以在 工具菜单 >> 检查更新 找到.

✔OK

图 1.12

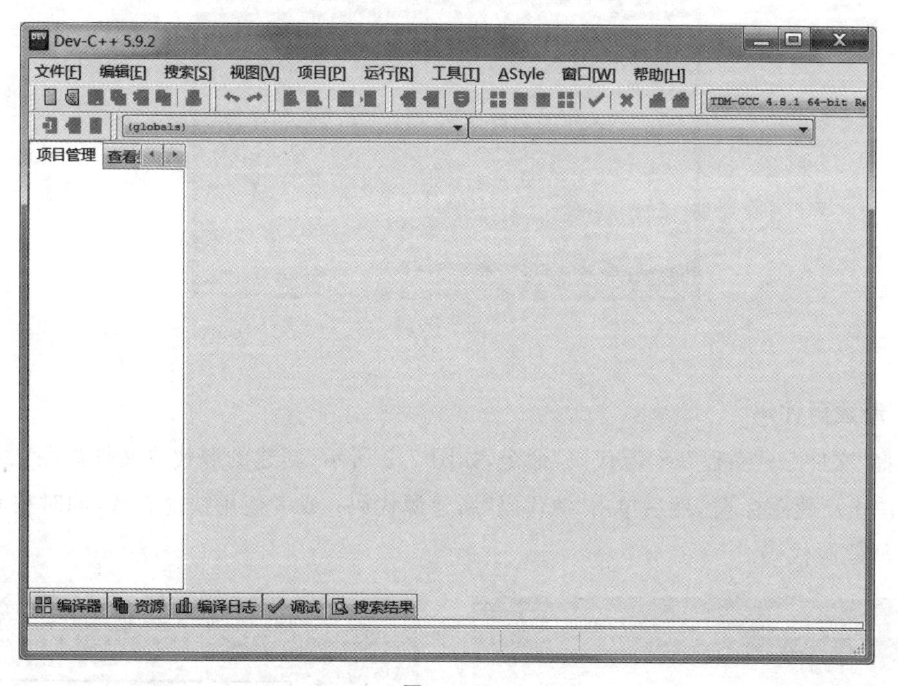

图 1.13

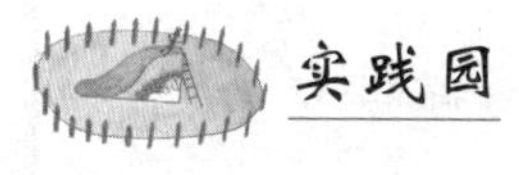

实践园

请尝试在计算机中安装 Dev-C++编译器。

第 2 课　认识 Dev-C++编译环境

(1) 熟悉 Dev-C++的编译环境。

(2) 学会启动 Dev-C++、新建源代码、输入代码、保存程序与编译运行 C++程序。

1. 启动 Dev-C++

双击桌面图标 ,启动 Dev-C++,界面如图 2.1 所示。

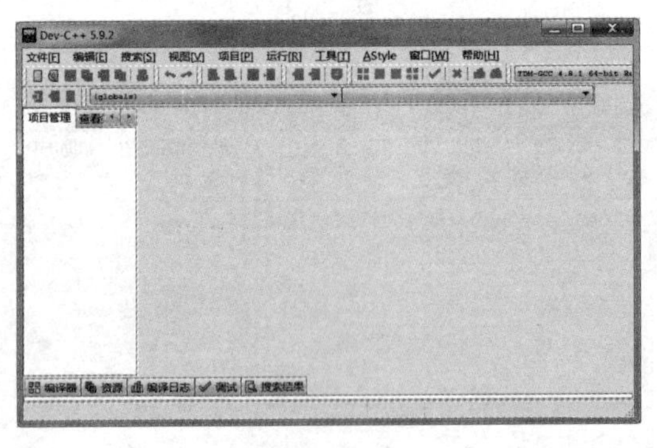

图　2.1

2. 新建源代码

选择"文件"→"新建"→"源代码"命令,如图 2.2 所示,新建的源代码文件如图 2.3 所示;也可以单击新建图标 ,然后单击"源代码"新建源代码;或者使用快捷方式,同时按 Ctrl＋N 组合键新建源代码。

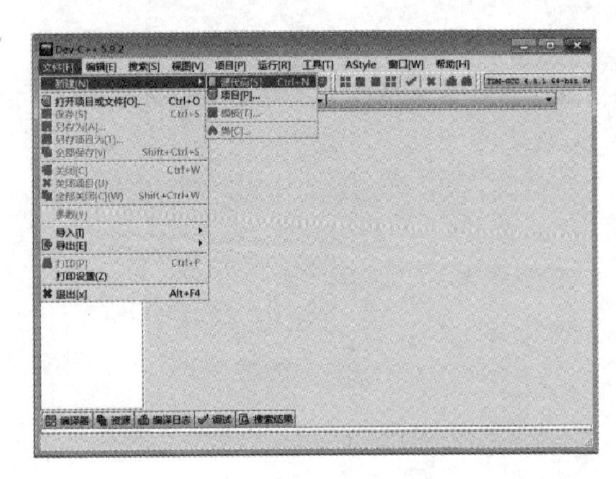

图　2.2

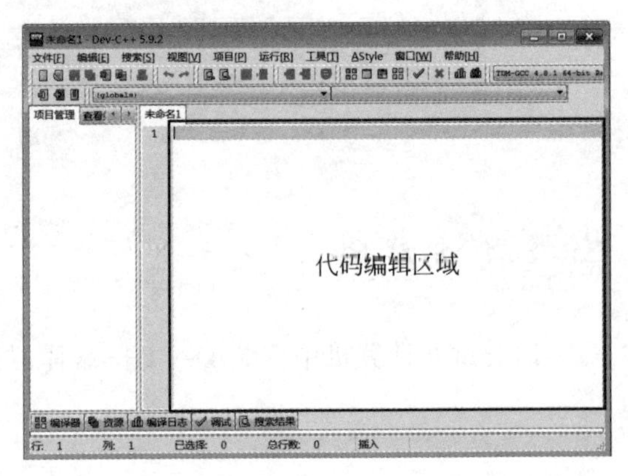

图　2.3

3. 输入代码

在代码编辑区域中输入如下几行代码，如图 2.4 所示。

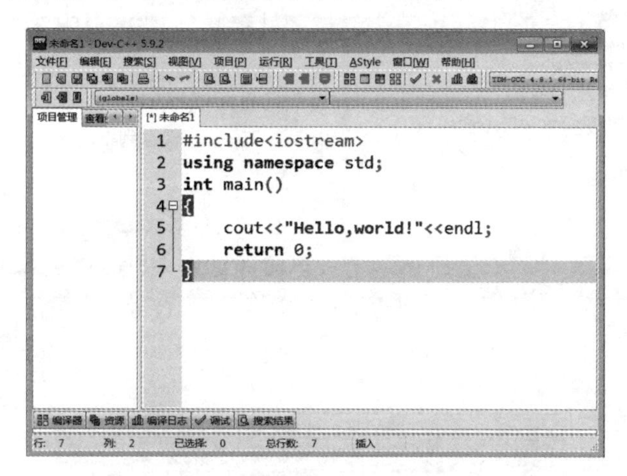

图　2.4

可以选择“工具”→“编辑器选项”命令，打开“编辑器属性”对话框，在其中修改字体大小等，如图 2.5 和图 2.6 所示。或者按住 Ctrl 键，转动鼠标中间的滑轮改变字体大小。

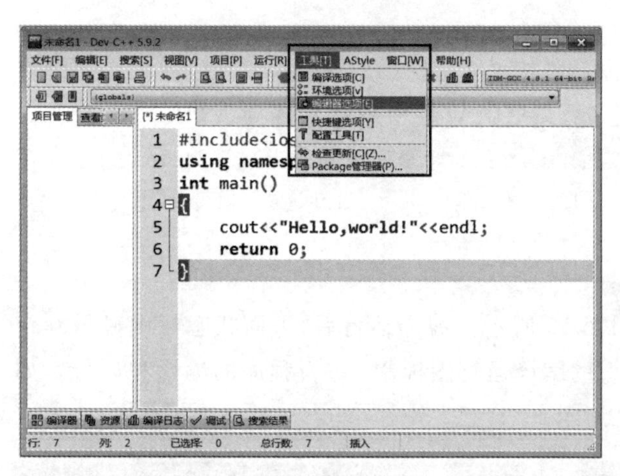

图　2.5　　　　图　2.6

4. 保存程序

选择“文件”→“保存”命令，如图 2.7 所示，弹出“保存为”对话框，如图 2.8 所示。默认的保存路径是在“文档”中，需注意修改路径，如将此文件保存在桌面上，文件名为 test。或者使用快捷方式，按 Ctrl+S 组合键保存程序。

打开保存后的 test 文件，如图 2.9 所示，左上角为该程序的信息，包括保存路径、文件名以及文件类型（文件后缀为.cpp）等。

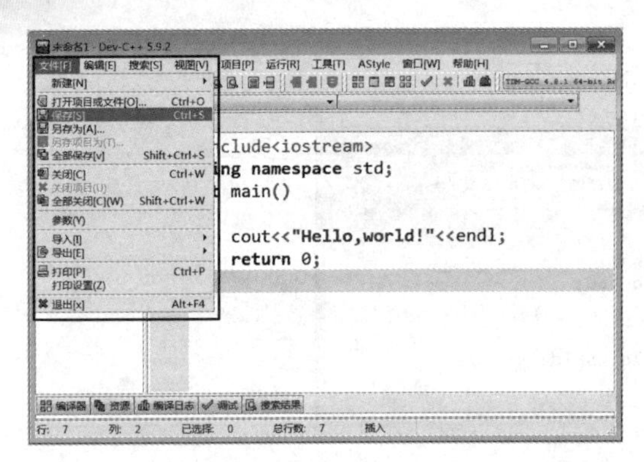

图 2.7

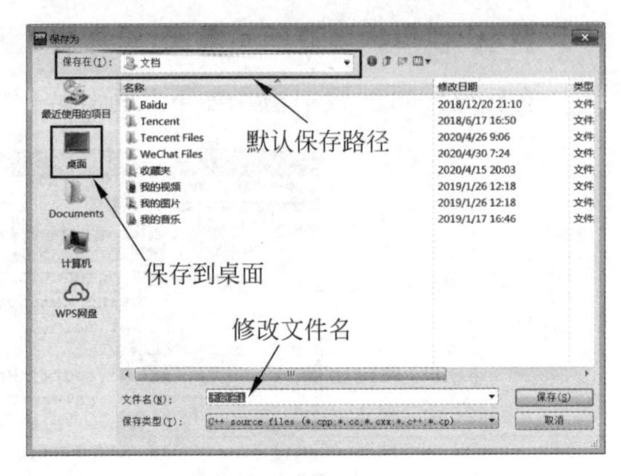

图 2.8

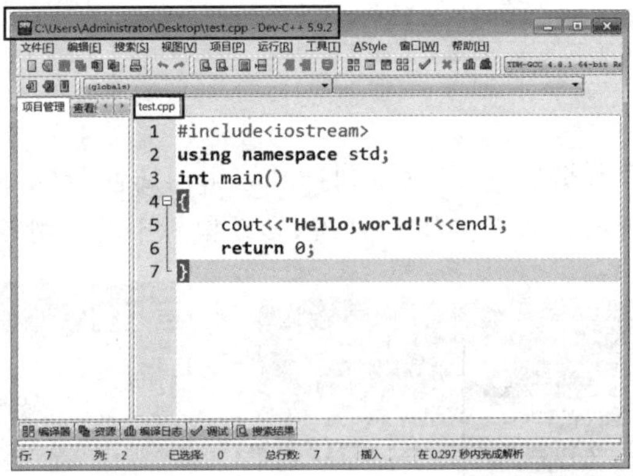

图 2.9

5. 编译运行

选择"运行"→"编译运行"命令，如图 2.10 所示。编译运行后，下面状态栏中显示 0 个错误，即没有编译错误(或直接单击界面上的编译运行图标，进行程序的编译和运行)，如图 2.11 所示。然后运行结果，如图 2.12 所示。

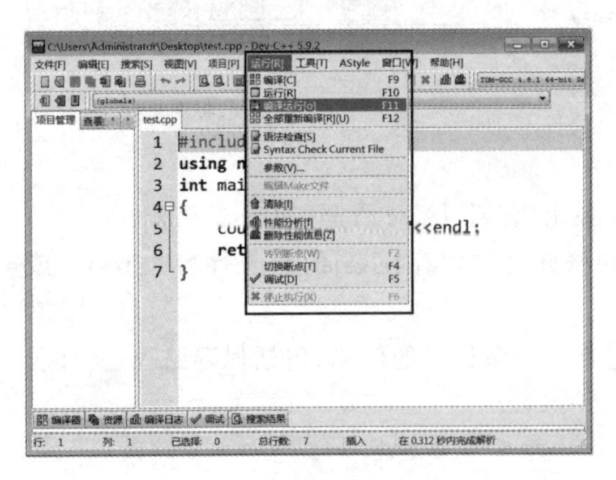

图 2.10

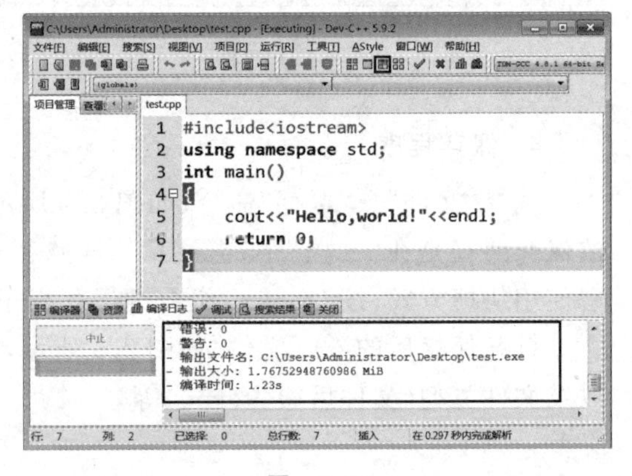

图 2.11

图 2.12

编译运行是指编译和运行,也可以选择"运行"→"编译"命令进行程序的编译,提示无错误后,再选择"运行"→"运行"命令进行结果的运行。

实践园

请按本节课中介绍的步骤,尝试在计算机中完成启动 Dev-C++、新建源代码、输入代码、保存程序与编译运行等相关操作。

第 3 课　第一个 C++程序

学会编写一个简单的 C++程序。

【例 3.1】　输出一行字符串：This is my first C++ program!。

【参考程序】

```
#include<iostream>              //头文件
using namespace std;            //命名空间
int main()                      //主函数
{
    cout<<"This is my first C++ program!";
                                /*输出"This is my first
                                  C++ program!"*/
    return 0;
}
```

【运行结果】

```
This is my first C++ program!
```

【程序分析】

1）头文件命令

程序中的第 1 行，＃include＜iostream＞为头文件命令。

include 称为文件包含命令，其英文含义是“包含、包括”的意思，后面尖括号中的内容 iostream 称为输入、输出流头文件。＃include＜iostream＞是告诉编译器的预处理器将输入、输出流的标准头文件 iostream 包含在本程序中。

2）命名空间

程序中的第 2 行，using namespace std；为命名空间。

std 是英文单词 standard 的缩写，意思是标准的。using namespace std；是指使用标准的命名空间，可用来解决不同类库的冲突问题。

3）主函数

程序中的第 3 行，main()为程序的主函数。

每一个 C++程序有且仅有一个主函数，并且程序都是从主函数开始执行的。主函数前面的 int 表示函数类型为整型，在标准 C++程序中规定主函数必须为整型，主函数中的内容由一对花括号括起来。注意 main 后面的一对小括号不能省略。

（1）cout＜＜"This is my first C++ program!"；

程序中的第5行是一条cout输出语句。

cout是由c和out两个单词组成，顾名思义，它是C++中用于输出的语句。本条语句用＜＜连接cout和要输出的内容，从而完成输出，即完成将This is my first C++program！这一字符串输出到屏幕上。

（2）return语句

程序中的第8行是主函数的返回语句return 0；。

可以将return理解为main函数的结束标志。数据0表示程序顺利结束，其他数则表示有异常。

4）程序的注释

以//开头的注释表示单行注释语句，只作用于一行。例如程序中的第1、2、3行为单行注释。

以/＊为开头、以＊/为结尾的注释表示多行注释语句，可作用于多行。例如程序中的第6、7行为多行注释。

注意：注释行不参与程序运行，其作用是对程序进行解释说明，增强程序的可读性。虽然没有明文规定必须要写注释行，但是为程序写注释是一个良好的习惯，不仅可以为自己日后查看程序带来方便，也为他人阅读自己的程序提供了极大的便利。

在C++程序中，每条语句以分号（；）为分隔符，一个分号为一条语句，一行可以有多条语句，但为了方便阅读，建议一行为一条语句。另外，注意编写C++程序时输入应该在英文状态下进行，否则，编译器将会报错。

对于初学者（尤其是小学生）而言，不必深究程序中第1、2行的含义，仅需知道这是C++语言的规定，在编写程序时要在程序开头包含这两行，随着后续学习的深入和知识的增多，自然而然地会逐步理解。

实践园

输出一行字符串：C++，I'm coming！。

Chapter 2

第2章

C++基础知识

本章将介绍有关C++的基础知识，例如，在程序中各种数据类型的存储方式，对数据进行运算处理和输入/输出等。只有掌握了必要的C++基础知识，才能更好地学习和使用这门程序设计语言。

由于本章中涉及许多具体的规定和要求等，对于初学者比较枯燥，建议在学习本章时，先了解大概内容，对于不理解的细节无须深究，只须如法炮制地将本章中的例题和实践园中的习题在编译器中编写并运行。在学习后面的各章中，如果遇到一些基础知识，可适当回头查阅，相信你一定会有不一样的收获。

第 4 课　数 据 类 型

熟知 C++中常见的基本数据类型。

C++中常见的基本数据类型及其字节数和数值范围如表 4.1 所示。

表　4.1

数 据 类 型	类型标识符	所占字节	数 值 范 围
短整型	short [int]	2	−32768～32767($-2^{15}\sim2^{15}-1$)
整型	int	4	−2147483648～2147483647($-2^{31}\sim2^{31}-1$)
长整型	long long	8	− 9223372036854775808 ～ 9223372036854775807 ($-2^{63}\sim2^{63}-1$)
单精度浮点型	float	4	−3.4E+38～3.4E+38(6～7 位有效位数)
双精度浮点型	double	8	−1.7E+308～1.7E+308(15～16 位有效位数)
高精度浮点型	long double	12	−3.4E+4932～1.1E+4932(17～18 位有效位数)
字符型	char	1	−128～127($-2^{7}\sim2^{7}-1$)
布尔型	bool	1	true(真,1)或 false(假,0)

【例 4.1】　在编译器中运行下列程序。

```
 1 #include<iostream>
 2 using namespace std;
 3 int main()
 4 {
 5     int a=2,b=4;          //定义整型变量a、b，并分别赋初值
 6     float c=2.5,d=4.5;    //定义浮点型变量c、d，并分别赋初值
 7     cout<<a+b<<endl;      //输出a和b的和，并换行
 8     cout<<c*d;            //输出c和d的乘积
 9     return 0;
10 }
```

【运行结果】

```
6
11.25
```

【程序分析】

在程序的第 7 行中,endl 是 end line 的缩写,起换行的作用。在第 8 行中, * 号在 C++中表示两数相乘的乘号。

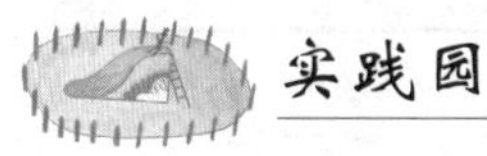

实践园

请写出几种常见的基本数据类型。

C++ 第5课 常 量

导学牌

理解常量的含义以及常量的几种类型。

常量是指在程序运行过程中,其值保持不变的量。常量的几种类型如下。

1. 整型常量

整型常量是指整数形式的常量,如 100、0、6 等。

2. 实型常量

实型常量又称实数或浮点数,通常有一般表示法和科学记数法两种。

一般表示法就是常用的小数形式的表示方法。它由整数部分、小数点和小数部分组成。

例如:3.1415926、0.5 等。

科学记数法就是把一个数表示成 a 与 10 的 n 次幂相乘的形式(其中,$1 \leqslant |a| < 10$,n 为整数)。

例如:$1200000000 = 1.2 \times 10^9$。在计算机中使用 e 或 E 表示 10 的幂,如 1.2e9 或 1.2E9 表示 1.2×10^9。

3. 布尔型常量

布尔型常量只有两种值,即“真”和“假”,分别用 true 和 false 表示,或者用 1(非 0)或 0 表示。

4. 字符型常量

字符型常量是指用单引号括起来的字符,一对单引号中只包含一个字符(有且只有一个字符),如'a'、'5'、'#'等。

字符一般采用的是 ASCII 码(美国标准信息交换代码)编码方案。ASCII 码共有 128 个字符,每个字符都对应一个数值(ASCII 码表见附录)。

在 C++中,字符型数据和整型数据之间是相互通用的。对字符型数据进行算术运算,其实就是对它们的 ASCII 码值进行运算。

部分常见字符的 ASCII 码值如表 5.1 所示。

表 5.1

字 符	ASCII 值
空格	32
0～9	48～57
A～Z	65～90
a～z	97～122

5. 字符串常量

字符串常量是用双引号括起来的一串字符。

例如："abcdefg"、"hello，world"、"12345789"等。

6. 符号常量

符号常量是指使用一个符号表示一个固定的常量值。

C++中定义符号常量的一般格式如下：

```
类型名 const 常量名;
```

或者

```
const 类型名 常量名;
```

例如：

```
int const A = 100;
```

或者

```
const float PI = 3.1415926;
```

【例 5.1】 编程实现将 A 转换成 a。

【参考程序】

```
1  #include<iostream>
2  using namespace std;
3  int main()
4  {
5      char ch1;                    //定义字符型变量ch1
6      ch1='A'+32;                  //将A转换成a
7      cout<<ch1<<endl;             //输出ch1的值
8      return 0;
9  }
```

【运行结果】

```
a
```

【程序分析】

程序中的第 6 行，实现了大小写的转换。根据 ASCII 码值可知一个小写字母的 ASCII 码值比对应的大写字母的 ASCII 码值大 32。

【例 5.2】 编写程序，计算半径为 5cm 的圆的周长。

【参考程序】

```
1  #include<iostream>
2  using namespace std;
3  int main()
4  {
5      const double PI=3.1415926;
6      cout<<"半径为5cm的圆的周长为: "<<2*PI*5<<"cm";
7      return 0;
8  }
```

【运行结果】

```
半径为5cm的圆的周长为: 31.4159cm
```

【程序分析】

在程序的第6行中，使用了公式 $C=2\pi r$ 计算圆的周长，其中，r 表示圆的半径。

实践园

(1) 编程实现将 a 转换成 A。

(2) 编写程序，计算半径为 5cm 的圆的面积。(注：圆的面积公式为 $S=\pi r^2$。)

第6课 变　　量

(1) 理解变量的含义及定义。

(2) 掌握变量名的命名规则。

变量是指在程序运行过程中,其值可以改变的量。

1. 变量的定义

定义变量的一般格式如下:

```
类型名 变量名1,变量名2,变量名3,...
```

例如:

```
int a = 100,b;    //定义a,b为整型变量,a的初值为100,b的初值未知
```

2. 变量名的命名规则

(1) 变量名中只能包含字母、数字和下画线,并且开头只能是字母或下画线。

(2) 变量名必须"先定义,后使用"。

(3) 变量名是区分大小写的,如A和a表示两个不同的变量名。

(4) 变量名要尽量做到"见名知义",一般使用英文单词或单词缩写等作为变量名。

(5) 变量名不能是C++语言中的关键字。所谓关键字,是指在C++中已经定义好的有特殊含义的单词,如int、double等关键字不能为变量名。

【例6.1】 下面合法的变量名是(　　)。

(A) #sum123　　(B) 2abc　　(C) school_name　　(D) char

【正确答案】

(C)

【例题分析】

(A)选项中包含非法字符#;(B)选项中的数字不能作为变量名的开头;(D)选项是C++的关键字char,关键字不能作为变量名。

实践园

下面合法的变量名是(　　)。

(A) int　　(B) _day　　(C) 3y　　(D) a(x)

第 7 课　赋值语句

(1) 理解赋值语句的含义。

(2) 学会赋值语句的使用。

在 C++中，=号是赋值运算符(非数学中的等号)，可通过赋值语句来修改变量的值。赋值语句的一般格式如下：

```
变量名 = 值或表达式;
```

例如：

```
a = 2;   //将 2 赋值给变量 a
```

如果赋值运算符两边的数据类型不同，系统将会自动进行类型转换。即将赋值号右侧的数据类型转换成赋值号左侧的变量类型。

例如：

```
int a = 1.5;   //系统将会自动将小数部分去掉，保留整数部分，并不是四舍五入
```

【例 7.1】 阅读下列程序，理解赋值语句的含义，并在编译器中运行结果。

```
1  #include<iostream>
2  using namespace std;
3  int main()
4  {
5      int a=2;               //定义变量a，并赋初值2
6      cout<<a<<endl;         //输出a的值，并换行
7      a=a+2;                 //a的值加2后再赋给a
8      cout<<a<<endl;         //输出a的值，并换行
9      int s,b=4;             //定义变量s和b，并给b赋初值4
10     s=a*b;                 //将a和b的乘积赋给s
11     cout<<s;               //输出s的值
12     return 0;
13 }
```

【运行结果】

```
2
4
16
```

【程序分析】

从程序中的第7行可以看出赋值号与数学中等号的区别，赋值的意思是将赋值号右侧的表达式暂时存放在左侧的变量中，a的初值是2，a+2的值是4。因此，运行程序第8行后，a的值为4，可见变量a的值随时会变化，这与数学中等号两侧相等不同。第9行定义了两个变量s和b，可见可以在程序的任何位置定义变量，只要满足在使用该变量前定义即可，即时刻遵循“先定义，后使用”的规则。

【例7.2】 编程实现交换两个正整数a和b的值。

【参考程序】

```
1  #include<iostream>
2  using namespace std;
3  int main()
4  {
5      int a,b,t;
6      a=2;
7      b=3;
8      cout<<"a="<<a<<","<<"b="<<b<<endl;
9      t=a;
10     a=b;
11     b=t;                                  //交换a和b的值
12     cout<<"a="<<a<<","<<"b="<<b<<endl;
13     return 0;
14 }
```

【运行结果】

```
a=2,b=3
a=3,b=2
```

【程序分析】

思考：如何实现将两个瓶子中的可乐和橙汁进行交换？

一种可行的方案是：再拿一个空瓶过来，先将可乐倒入空瓶中，然后将橙汁倒入原可乐瓶中，最后将原空瓶中的可乐倒入原橙汁瓶中。

同样地，可以将上述方案迁移到实现两个数值的交换中，即引入第3个变量t(相当于空瓶子)。

程序中的第9～11行分别使用了3条语句实现数值的交换，在赋值语句中应注意赋值格式的书写。如将a赋值给t，应写成t=a，一些初学者容易将其误写成a=t。

实践园

请将例7.2中的第9～11行换成a=b;b=a;这两条语句，在编译器中运行，并思考与原来的有什么不同。

第 8 课　算术运算符

(1) 掌握使用七种算术运算符的方法。

(2) 理解自增、自减运算符前置与后置两种用法的区别。

C++中包含多种类型的运算符，从第 8～13 课将依次介绍几种常见的运算符。

提到运算符，就不得不提什么是表达式。表达式就是将变量、常量等使用运算符连接起来的式子。

例如：2 * x＋1、(a＋b) * c 这种使用算术运算符连接的表达式，称为算术表达式。在后面的学习中，还将学习到关系表达式、逻辑表达式、赋值表达式、条件表达式等多种类型的表达式。

算术运算符用于数值运算，包括加(＋)、减(－)、乘(*)、除(/)、求余(或称模运算，%)、自增(＋＋)、自减(－－)共七种。

1. 加、减、乘运算符(＋、－、*)

【例 8.1】 阅读下列程序，并在编译器中运行结果。

【参考程序】

```
1  #include<iostream>
2  using namespace std;
3  int main()
4  {
5      int a=10,b=5;        //定义变量a和b，并分别赋初值10和5
6      cout<<"a+b="<<a+b<<endl;       //输出a与b的和，并换行
7      cout<<"a-b="<<a-b<<endl;       //输出a与b的差，并换行
8      cout<<"a*b="<<a*b;             //输出a与b的积
9      return 0;
10 }
```

【运行结果】

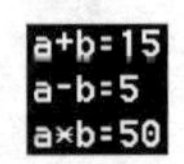

【程序分析】

在程序的第 8 行中，两个 int 类型的变量相乘，如果两个变量的值过大，结果可能会超过 int 类型的数值范围，这样的情况称为溢出。当发生溢出时，其结果就会出错。

2. 除法运算符(/)

C++中的除法运算符有一些特殊之处，如果 a、b 是两个整型变量或者整型常量，那么 a/b

的值是 a 除以 b 的商。

例如：5/2 的值是 2，而不是 2.5，除法的计算结果取决于除数或被除数中类型精度高的一方，如 5.0/2 或 5/2.0 的值是 2.5。

【例 8.2】 阅读下列程序，并在编译器中运行结果。

```
1  #include<iostream>
2  using namespace std;
3  int main()
4  {
5      int a=10,b=3;          //定义变量a和b，并分别赋初值10和3
6      float c=10.0;          //定义变量c，并赋初值10.0
7      cout<<a/b<<endl;       //输出a除以b的值，并换行
8      cout<<c/b;             //输出c除以b的值
9      return 0;
10 }
```

【运行结果】

```
3
3.33333
```

【程序分析】

在程序的第 7 行中，a 和 b 均为整型变量，其结果保留整数部分，所以 a/b 的结果为商 2。在第 8 行中，c 为浮点型变量，精度高于整型变量，其结果为精度高的一方，所以 c/b 的结果为浮点型 2.5。在数学中，通常认为 10 和 10.0 的值相等；而在 C++ 中，10 与 10.0 表示两种不同的数据类型，分别是整型和浮点型。

3. **求余运算符(模运算符，%)**

求余运算符%，也称为模运算符。它被用来求两个整数的余数。

例如：10%3 的值就是 10 除以 3 的余数，其结果为 1。

【例 8.3】 阅读下列程序，并在编译器中运行结果。

```
1  #include<iostream>
2  using namespace std;
3  int main()
4  {
5      int a=20,b=7;  //定义两个变量a和b，并分别赋初值20和7
6      cout<<a<<"%"<<b<<"="<<a%b;        //输出a除以b的余数
7      return 0;
8  }
```

【运行结果】

```
20%7=6
```

【程序分析】

在使用求余运算符的过程中，须注意只有整型数据的计算才有余数。

4. **自增、自减运算符(++、--)**

自增运算符++：对一个变量进行加1运算后，其结果仍然赋值给该变量。

自减运算符--：对一个变量进行减1运算后，其结果仍然赋值给该变量。

自增、自减运算符均只有一个操作数，是单目运算符。

自增、自减运算符均有前置和后置两种用法，下面以自增运算符为例。

前置用法：++变量名；

例如：++i；

后置用法：变量名++；

例如：i++；

这两种方法都能使变量的值加1(i=i+1)。它们的区别是：i++表示在使用i之后，使i的值加1；++i表示使用i之前，先使i的值加1。

自减运算符的使用方法同上。

【例8.4】 阅读下列程序，并在编译器中运行结果。

```
1  #include<iostream>
2  using namespace std;
3  int main()
4  {
5      int i=4,j=4,x,y,z,w;
6      i++;                  //i自增1
7      ++j;                  //j自增1
8      cout<<"i="<<i<<","<<"j="<<j<<endl;
9      x=i++;                //先将i值赋值给x后，i再自增1
10     y=++j;                //先将j自增1后，再赋值给y
11     cout<<"x="<<x<<","<<"y="<<y<<endl;
12     z=(i--)-x;            //i=6，x=5，z=1，然后i自减，即i=5
13     w=y-(--i);            //i先自减，即i=4，y=6，z=2
14     cout<<"z="<<z<<","<<"w="<<w<<endl;
15     return 0;
16 }
```

【运行结果】

```
i=5,j=5
x=5,y=6
z=1,w=2
```

【程序分析】

从例8.4程序中的第6、7行可以看出，当单独使用自增、自减运算时，前置与后置两种用法相同。在第9、10、12、13行中，当在赋值语句中使用自增、自减(或者在与其他常量、变量等进行运算)时，我们便能从运行结果中x、y的值看出前置与后置两种用法的区别。第9行语句x=i++；是先将i的值赋给x，然后i再自增1。第10行语句y=++j；是先将j自增1，然后再赋值给y。第12行语句z=(i--)-x；是先计算括号里的值i=6，然后与x做差运算，将所得结果赋值给z，最后i再自减(i=5)。关于自增自减的含义，多做练习后，就能逐步理解。

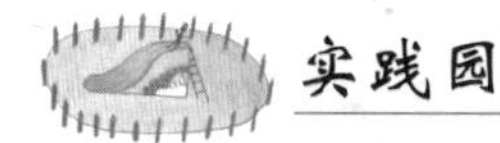

实践园

(1) 编程计算下列表达式的值。

① 2934＋5785＝

② 2753.2－889.5＝

③ 278 * 23＝

④ 2299÷15＝

要求运行结果如下：

```
2934+5785=8719
2753.2-889.5=1863.7
278×23=6394
2299/15=153……4
```

(2) 阅读程序,写出结果,然后上机验证。

```
#include <iostream>
using namespace std;
int main()
{
    int a = 1,b = 2;
    cout << a++<<" "<< b++<< endl;
    cout << a <<" "<< b << endl;
    return 0;
}
```

第 9 课　关系运算符

掌握六种关系运算符。

关系运算符用于数值的大小比较，包括大于（＞）、小于（＜）、等于（＝＝）、大于等于（＞＝）、小于等于（＜＝）、不等于（！＝）六种。

关系运算符有两个操作数，它们是双目运算符。

关系运算符的结果是布尔类型，其值只有两种：true（真）或 false（假）。true 表示关系成立，false 表示关系不成立。也用 1（非 0）表示关系成立，用 0 表示关系不成立。因此，也可以认为布尔类型的值为整型。

例如：关系表达式 7＞5 的值是 1，表示该关系成立，即运算结果为真。

【例 9.1】 阅读下列程序，并在编译器中运行结果。

```
1  #include<iostream>
2  using namespace std;
3  int main()
4  {
5      int a=3,b=5,x,y,z,w;
6      x=a>b;                    //a>b关系不成立，故x的值为0
7      cout<<"x="<<x<<endl;
8      y=(2*a+1)>b;              //2*a+1=7，7>b关系成立，故y的值为1
9      cout<<"y="<<y<<endl;
10     z=(a!=3);                 //a!=3关系不成立，故z的值为0
11     cout<<"z="<<z<<endl;
12     w=(b-2)==3;               //b-2=3，3==3关系成立，故w的值为1
13     cout<<"w="<<w<<endl;
14     return 0;
15 }
```

【运行结果】

【程序分析】

从例 9.1 程序中的第 6、10 行可以看出，关系运算符的优先级高于赋值运算符。从第 8、10 行可以看出，算术运算符的优先级又高于关系运算符，如 c＞a＋b 等价于 c＞(a＋b)。在六种关系运算符中，＞、＜、＞＝、＜＝的优先级高于＝＝、！＝，如 a＝＝b＜c 等价于 a＝＝(b＜c)。

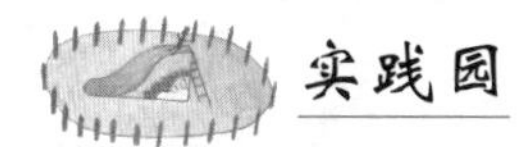

实践园

阅读程序,写出结果,并上机验证。

```
#include <iostream>
using namespace std;
int main()
{
    int x1 = 2,x2 = 5,x;
    x = x1 < 5;
    cout << x <<",";
    x = x1 + x2 > 10;
    cout << x <<",";
    x = x1 == x2 - 3;
    cout << x <<",";
    x = (x1 + 3)!= x2;
    cout << x << endl;
    return 0;
}
```

第 10 课　逻辑运算符

掌握三种逻辑运算符。

逻辑运算符用于表达式的逻辑操作，包括与运算(&&)、或运算(||)、非运算(!)三种。

逻辑与、逻辑或是双目运算符，而逻辑非是单目运算符。

和关系运算的值一样，逻辑运算的值也是只有 true 和 false 两种，也用 1 和 0 表示。逻辑运算的求值规则如下。

1. 与运算(&&)

参与运算的两个量都为真时，结果才为真，否则为假，如表 10.1 所示。

表　10.1

与运算("1"为真,"0"为假)	逻辑值
0&&0	0
0&&1	0
1&&0	0
1&&1	1

2. 或运算(||)

参与运算的两个量只要有一个为真，结果就为真；两个都为假时，结果才为假，如表 10.2 所示。

表　10.2

或运算("1"为真,"0"为假)	逻辑值
0||0	0
0||1	1
1||0	1
1||1	1

3. 非运算(!)

参与运算的量为真时，结果为假；参与运算的量为假时，结果为真，如表 10.3 所示。

表 10.3

非运算（“1”为真，“0”为假）	逻辑值
!0	1
!1(非0)	0

【例 10.1】 阅读下列程序，并在编译器中运行结果。

```
1  #include<iostream>
2  using namespace std;
3  int main()
4  {
5      int a=3,b=9,x,y,z;
6      x=(a>1)&&(b<5);          //a>1的值为1, b<5值为0,故1&&0为0
7      y=(a>1)||(b<5);          //a>1的值为1, b<5的值0, 故1||0为1
8      z=!(a>9);                //a>9的值为0, 故!0为1
9      cout<<x<<','<<y<<','<<z<<endl;
10     return 0;
11 }
```

【运行结果】

```
0,1,1
```

【程序分析】

从程序中的第6、7行可以看出，关系运算符的优先级高于逻辑运算符中的与运算&&和或运算||，逻辑运算符的优先级高于赋值运算符。

注意：逻辑非运算的优先级高于算术运算符。

【例 10.2】 阅读下列程序，并在编译器中运行结果。

```
1  #include<iostream>
2  using namespace std;
3  int main()
4  {
5      int a=2,b=0,x;
6      x=(!a)&&(b++);           //!a为假, 故x为假,  b++未被计算
7      cout<<a<<" "<<b<<endl;
8      x=(a++)||(b++);          //a++为真, 故x为真, b++未被计算
9      cout<<a<<" "<<b<<endl;
10     x=(a++)&&(b++);          //a++为真, 无法确定x, 故计算b++
11     cout<<a<<" "<<b<<endl;
12     x=(a++)||(b++);          //a++为真, 故x为真, b++未被计算
13     cout<<a<<" "<<b<<endl;
14     return 0;
15 }
```

【运行结果】

```
2 0
3 0
4 1
5 1
```

【程序分析】

从程序中的第6、8、12行可以看出，对于逻辑表达式的计算，当整个表达式的值已经能够断定时，计算会立即停止。如在“表达式1&&表达式2”中，已经计算出表达式1为假，那么整个表达式的值肯定为假，于是表达式2就不需要再计算了；又如在“表达式1||表达式2”中，已经计算出表达式1为真，那么整个表达式的值肯定为真，于是表达式2就不需要再计算了。在第10行中，a++为真，不能确定整个表达式的值，于是需要计算b++的值。

对于例10.2的运行结果，请结合程序分析自行思考。关于逻辑表达式的运算，只要加以练习，便能逐步理解。

实践园

阅读程序，写出结果，并上机验证。

```
#include<iostream>
using namespace std;
int main()
{
    int a = 0,b = 1,x,y;
    x = a > 0&&b++;
    cout <<"x = " << x <<",";
    y = a!= 1||b <= 1;
    cout <<"y = "<< y << endl;
    cout <<"a = "<< a <<"," <<"b = "<< b << endl;
    return 0;
}
```

第 11 课 赋值运算符

掌握简单赋值和复合赋值运算符。

赋值运算符用于对变量进行赋值，包括简单赋值（＝）和复合赋值（＋＝、－＝、＊＝、/＝、％＝）两种。

1. 简单赋值

简单赋值的一般格式如下：

```
变量名 = 表达式;
```

【例 11.1】 阅读下列程序，并在编译器中运行结果。

```
1  #include<iostream>
2  using namespace std;
3  int main()
4  {
5      int a=5,b,c;
6      b=a=5;       //先执行a=5, 再将a的值5赋给b, b的值为5
7      b=b+1;       //先执行b+1的和, 再将和赋值给b, b的值变为6
8      c=a+b;       //先执行a+b的和, 再将和赋值给c
9      cout<<"a="<<a<<",";
10     cout<<"b="<<b<<",";
11     cout<<"c="<<c<<endl;
12     return 0;
13 }
```

【运行结果】

```
a=5,b=6,c=11
```

【程序分析】

在程序的第 6 行中，多个赋值号＝连用时，计算顺序是从右往左进行。因此，先执行表达式 a＝5，再将 a 赋值给 b。

2. 复合赋值

在赋值号＝之前加上其他算术运算符就可以构成复合赋值。

【例 11.2】 阅读下列程序，并在编译器中运行结果。

```
1  #include<iostream>
2  using namespace std;
3  int main()
4  {
5      int a=3,b=9,c=16;
6      a+=2;           //等价于a=a+2，即先使a加2，再赋给a
7      cout<<"a="<<a<<endl;
8      b*=a+3;        //等价于b=b*(a+3)，即先使b乘以a+3，再赋给b
9      cout<<"b="<<b<<endl;
10     c%=a;          //等价于c=c%a，即先求c除以a的余数，再赋给c
11     cout<<"c="<<c<<endl;
12     return 0;
13 }
```

【运行结果】

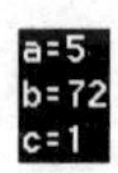

【程序分析】

在程序第6、8、10行中，采用了复合赋值运算符，一是为了简化程序，二是为了提高编译效率。在第8行中，语句b *=a+3；是先算a+3的值，再与b相乘，即b=b *(a+3)，不要错认为是b=b * a+3。常用的复合赋值及其含义如表11.1所示。

表 11.1

复合赋值	含义
a+=b	a=a+b
a-=b	a=a-b
a *=b	a=a * b
a/=b	a=a/b
a%=b	a=a%b

实践园

写出下列表达式运行后的值，设a为整型变量，初值为15，尝试在编译器中编写含有下列表达式的程序，并运行程序验证结果。

a+=a；　a-=20；　a *=a-5；　a/=5；　a%=3；　a+=a%=3；

第 12 课　条件运算符

了解条件运算符。

条件运算符?：是 C++ 中唯一的一个三目运算符。条件表达式要求有三个操作对象，即表达式 1、表达式 2、表达式 3。

条件表达式的一般格式如下：

```
表达式 1?表达式 2:表达式 3;
```

【说明】 如果表达式 1 的值为真，则计算表达式 2；如果表达式 1 的值为假，则计算表达式 3。

例如：

```
(5 > 2)?10: 4;   //5 > 2 的值为真,所以表达式的值为 10
```

【例 12.1】 阅读下列程序，并在编译器中运行结果。

```
1 #include<iostream>
2 using namespace std;
3 int main()
4 {
5     int a=2,b=10;
6     int x=(a!=b)?15:18;          //a!=b的值为真，故x=15
7     cout<<"x="<<x<<endl;
8     return 0;
9 }
```

【运行结果】

```
x=15
```

【程序分析】

程序中的第 6 行，条件运算符的优先级高于赋值运算符，在条件表达式中，由于 a!＝b 的值为真，故整个表达式(a!＝b)？15：18 的值为 15。

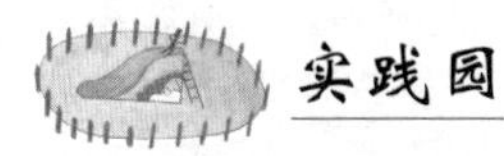

实践园

阅读程序，写出结果，并上机验证。

```
#include<iostream>
using namespace std;
int main()
{
    int a=3,b=9;
    int c=a>b?a:b;
    cout<<"c="<<c<<",";
    int x=-5,y=5;
    x=(x>0)?1:-1;
    cout<<"x="<<x<<",";
    y=(y>0)?a++:b++;
    cout<<"y="<<y<<endl;
    return 0;
}
```

第 13 课　强制类型转换符

了解强制类型转换符。

强制类型转换符可用于将一个表达式的值强制转换成所需要的数据类型。

强制类型转换的一般格式如下：

```
(类型名)(表达式/变量);
```

【说明】 如果要转换的对象是一个变量,可以不用括号括起来;如果是包含多项的表达式,则表达式必须用括号括起来。

例如:

```
(double) a;                    //将 a 转换成 double 类型
(int) (x + y);                 //将 x + y 的值转换成 int 类型
(float) (7 % 3);               //将 7 % 3 的值转换成 float 类型
```

在 C++ 中,强制类型转换也可以写成这样的形式:

```
类型名 (表达式);
```

例如:

```
int (3.5 * 3);
```

【例 13.1】 阅读下列程序,并在编译器中运行结果。

```
1  #include<iostream>
2  using namespace std;
3  int main()
4  {
5      float a=6.28;
6      int x=(int)a;                          //强制转换
7      cout<<"x="<<x<<",a="<<a<<endl;
8      return 0;
9  }
```

【运行结果】

```
x=6,a=6.28
```

【程序分析】

从运行结果可以看出,在强制类型转换时,得到的只是一个所需要的暂时数据 x,原来变量 a 的类型并未发生变化。

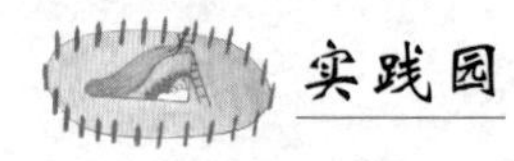

实践园

阅读程序，写出结果，并上机验证。

```
#include <iostream>
using namespace std;
int main()
{
    int a = 2,b = 3;
    float c;
    a += 8;
    c = (float)a/b;
    cout <<"c = "<< c << endl;
    return 0;
}
```

C++ 第 14 课　运算符的优先级

掌握各种运算符的优先级。

一个表达式中可以有多个不同的运算符。不同运算符的优先级也不尽相同，优先级决定了运算的先后次序，如 a－b＊c，先算乘（＊），后算减（－），相当于 a－(b＊c)。

在 C++ 中，运算符的优先级基本符合如下规则（从低到高）：赋值运算符→逻辑运算符→关系运算符→算术运算符。

具体运算符的优先级如表 14.1 所示。

表 14.1

优先级（从高到低）	运　算　符
1	自增　自减　!（类型名）
2	*　/　%
3	+　－
4	>　<　>=　<=
5	==　!=
6	&&
7	||
8	?:
9	=　+=　=　*=　/=　%=

对于运算符的优先级，只需记住常见的次序，如果记不清楚具体的计算次序，可在需要的时候使用圆括号来明确计算次序。

【例 14.1】　阅读下列程序，并在编译器中运行结果。

```
1  #include<iostream>
2  using namespace std;
3  int main()
4  {
5      int a=2,b=3,c=4,x,y,z;
6      x=(!b==c)||(a>b);              //等价于x=!b==c||a>b;
7      cout<<"x="<<x<<",";
8      y=(a+b>c)&&(a+c>b);            //等价于y=a+b>c&&a+c>b;
9      cout<<"y="<<y<<endl;
10     return 0;
11 }
```

【运行结果】

```
x=0,y=1
```

【程序分析】

程序中的各运算符的优先级可以参考表 14.1。

实践园

阅读程序,写出结果,并上机验证。

```
#include<iostream>
using namespace std;
int main()
{
    int a = 0,b = 5;
    bool c,d;
    c = b > a == 1;
    cout <<"c = "<< c << endl;
    d = 3 * a - 2&&b - a > 0;
    cout <<"d = "<< d << endl;
    char ch = 'A' + 5;
    cout <<"ch = "<<(int)ch + 10 << endl;
    return 0;
}
```

第 15 课　C++中的 cin 语句和 cout 语句

学会 cin 语句和 cout 语句的使用。

1. cin 语句

cin 是 C++中的输入语句，与 cout 语句一样，都是用“流”(stream)的方式实现。

cin 和流读取运算符＞＞结合使用，便可以从键盘上输入数据。

cin 语句的一般格式如下：

```
cin>>变量;
cin>>变量 1>>变量 2>>…>>变量 n;
```

2. cout 语句

cout 是 C++中的输出语句，在前面的学习中已经多次使用过。

cout 和流插入运算符＜＜结合使用，便可以将内容输出至屏幕上。

cout 语句的一般格式如下：

```
cout<<表达式;
cout<<表达式 1<<表达式 2<<…<<表达式 n;
```

cin 和 cout 语句并非 C++本身提供的语句，它们存放在 C++的输入、输出流文件中。因此，在使用 cin 和 cout 语句时，需包含头文件＃include＜iostream＞。

【例 15.1】 阅读下列程序，并在编译器中运行结果。

```
1  #include<iostream>
2  using namespace std;
3  int main()
4  {
5      int a,b,c,x;
6      cout<<"请依次输入三个正整数："<<endl;
7      cin>>a>>b>>c;                              //从键盘输入数据
8      x=(a+b)*c;
9      cout<<"请输出运算结果："<<endl;
10     cout<<"("<<a<<"+"<<b<<")*"<<c<<"="<<x<<endl;
11     return 0;
12 }
```

【运行结果】

```
请依次输入三个正整数:
1 2 3
请输出运算结果:
(1+2)*3=9
```

【程序分析】

程序中的第 7 行等价于三条语句 cin>>a;cin>>b;cin>>c;。输入多个数值时，用空格或回车换行作为分隔符，输入的数据与变量须一一对应，cin 语句会自动忽略多余的输入数据。

实践园

阅读程序，写出结果，并上机验证。

```
#include <iostream>
using namespace std;
int main()
{
    int a,b,t;
    cout <<"请依次输入两个数: "<< endl;
    cin >> a >> b;
    cout <<"a = "<< a <<",b = "<< b << endl;
    t = a;a = b;b = t;
    cout <<"a = "<< a <<",b = "<< b << endl;
    return 0;
}
```

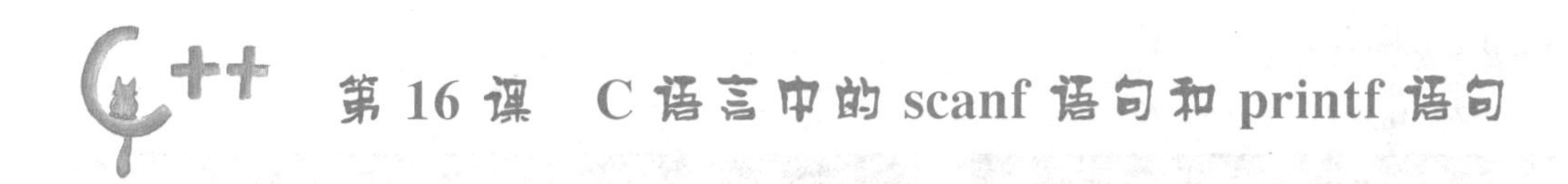

第16课　C语言中的scanf语句和printf语句

了解scanf语句和printf语句的使用。

scanf语句和printf语句是C语言中的输入、输出语句，在C++的环境中也可以使用。通常情况下，对于大数据的输入、输出，使用scanf语句和printf语句进行输入、输出，往往效率更高、速度更快。

1. scanf语句

scanf语句的一般格式如下：

```
scanf("格式控制字符串",地址列表);
```

例如：

```
scanf("%d",&a);    //通过键盘输入整型变量a的值
```

【说明】 格式控制字符串中是以%开头，表示对应变量的类型，scanf的格式字符如表16.1所示，此处%d表示对应变量a的类型为整型，变量a的前面需要加上取址运算符&，&a表示取变量a的地址。两项之间用,隔开。

表　16.1

变量类型	scanf输入语句
int a;	scanf("%d",&a);
long long a;	scanf("%l",&a);
float a;	scanf("%f",&a);
double a;	scanf("%lf",&a);
char a;	scanf("%c",&a);
char a[10];　//字符串数组	scanf("%s",&a);

2. printf语句

printf语句的一般格式如下：

```
printf("格式控制字符串",输出列表);
```

例如：

```
printf("%f",b);    //输出浮点型变量b的值
```

【说明】 格式控制字符串中是以%开头，表示对应变量的类型，printf的格式字符如

表 16.2 所示。此处%f 表示对应变量 b 的类型为浮点型，变量 b 的前面无须加 &，两项之间用逗号隔开。

表 16.2

变量类型	printf 输出语句
int a=100;	printf("%d",a); //输出结果：100
long long a=20000;	printf("%l",a); //输出结果：20000
float a=3.1415926;	printf("%f",a); //输出结果：3.1415926
float a=3.1415926;	printf("%.2f",a); //输出结果：3.14
double a=1.0/3;	printf("%lf",a); //输出结果：0.333333
double a=1.0/3;	printf("%.3lf",a); //输出结果：0.333
char ch='A';	printf("%c",ch); //输出结果：A
char n[10]="C++"; //字符串数组	printf("%s",n); //输出结果：C++

【例 16.1】 用 scanf 和 printf 语句进行输入和输出。

```
 1  #include<iostream>
 2  using namespace std;
 3  int main()
 4  {
 5      int a,b,c;
 6      scanf("%d%d%d",&a,&b,&c);          //输入3个数据
 7      printf("%d%d%d\n",a,b,c);          //输出a、b、c的值
 8      printf("a=%d,b=%d,c=%d\n",a,b,c); /*加上提示语后,
 9                                          输出a、b、c的值*/
10      double x=1.2345678;
11      printf("x=%f\n",x);
12      printf("保留小数点后3位: \n") ;   //输出提示语
13      printf("x=%.3f\n",x);             //保留小数点后3位输出
14      return 0;
15  }
```

【运行结果】

```
1 2 3
123
a=1,b=2,c=3
x=1.234568
保留小数点后3位:
x=1.235
```

【程序分析】

程序中的第 6 行使用了 scanf 语句输入 3 个整型数据，地址列表中分别给出各变量的地址，各项之间以逗号隔开。地址是由地址运算符 & 后跟变量名组成的。如 a=10，其中 a 是变量名，10 是变量的值，&a 是变量 a 的地址。scanf 语句给变量赋值时，要求写变量的地址，但 printf 语句不用。第 7、8、11、12、13 行使用了 printf 语句输出内容。

注意：程序中的\n 是换行提示符。

实践园

阅读程序,写出结果,并上机验证。

```
#include<iostream>
using namespace std;
int main()
{
    int a;
    float b;
    char x;
    scanf("%c%d%f",&x,&a,&b);
    printf("x=%c,a=%d,b=%.2f",x,a,b);
    return 0;
}
```

【输入】

A 20 45.678

【输出结果】

Chapter 3

第3章

程序结构

世界著名计算机科学家沃思提出：程序＝算法＋数据结构。算法是程序设计的灵魂。

任何一个程序（或算法）都可以表示成三种基本结构：顺序结构、选择结构（分支结构）和循环结构。

本章将介绍算法的基本知识和程序的三大基本结构。

C++ 第 17 课　算法的概念

理解算法的含义。

算法就是解决一个实际问题的方案和具体步骤。生活中的算法比比皆是，不胜枚举。如去医院看病，通常分为三步：一挂号、二排队、三看病。

【例 17.1】　写出“求 18 和 30 的最大公因数”的算法。

算法一：枚举法

第一步，分别求出 18 和 30 的所有因数，18 的因数有 1、2、3、6、9、18；30 的因数有 1、2、3、5、6、10、15、30。

第二步，求出 18 和 30 的公因数有 1、2、3、6。

第三步，得出 18 和 30 的最大公因数是 6。

算法二：分解质因数法

第一步，把 18 和 30 分解质因数，即 $18=2\times3\times3$，$30=2\times3\times5$。

第二步，18 和 30 的质因数都含有 2 和 3。

第三步，得出 18 和 30 的最大公因数是 $2\times3=6$。

算法三：短除法

$$
\begin{array}{r|ll}
2 & 18 & 30 \\ \hline
3 & 9 & 15 \\ \hline
 & 3 & 5
\end{array}
$$

第一步，用两个数的公因数 2 除。

第二步，用两个数的公因数 3 除。

第三步，除到两个数的公因数只有 1 为止。

第四步，把所有除数连乘起来，得出 18 和 30 的最大公因数是 $2\times3=6$。

算法四：辗转相除法

辗转相除法就是用较大的数除以较小的数，再用除数除以出现的第一个余数。接着再用第一个余数除以出现的第二个余数……直到余数是 0 为止。最后的除数就是两个数的最大公因数。具体步骤如下。

第一步，用 30 除以 18，商 1 余 12。

第二步，用 18 除以 12，商 1 余 6。

第三步，用 12 除以 6，商 2 余 0。

第四步，除数 6 就是 18 和 30 的最大公因数。

【算法分析】

由例 17.1 可知，对于具体的某个问题，它的算法并不唯一，如果多种算法的效率相当，选择其中一种算法解决问题即可。通常情况下，算法有好有坏，所以在设计算法时，尽量设计并选取效率较高的算法解决问题。

实践园

请尝试写出“求 1＋2＋3＋4＋5＋…＋100 的和”的算法。

第 18 课　算法的特征

理解算法的四大特征。

算法的基本特征如下。

(1) 可行性：算法中的每一条指令都能够被精确地执行。

(2) 确定性：算法中的每一条指令都必须有明确的含义,无二义性。

(3) 有限性：一个算法必须在执行有限步之后结束,且每一步都在有限的时间内完成。

(4) 输入、输出：一个算法有 0 个或多个输入,有 1 个或多个输出。也就是说,一个算法可以没有输入,但必须要有输出。

【例 18.1】 给定一个正数,求以这个数为半径的圆的面积。

【参考程序】

```
1  #include<iostream>
2  using namespace std;
3  int main()
4  {
5      const double PI=3.1415926;
6      double r,s;
7      cout<<"请输入半径r：";
8      cin>>r;
9      s=PI*r*r;                          //用公式求圆面积
10     cout<<"以"<<r<<"为半径的圆的面积为："<<s<<endl;
11     return 0;
12 }
```

【运行结果】

```
请输入半径r：5.5
以5.5为半径的圆的面积为：95.0332
```

【程序分析】

该程序的算法分为如下三步。

(1) 输入一个正数 $r>0$。

(2) 计算圆的面积 $s=\pi r^2$。

(3) 输出圆的面积。

算法有哪些基本特征？

第 19 课　算法的描述

学会使用流程图描述算法。

描述一个算法的方法很多，有自然语言、流程图等方式。由于人类的自然语言容易产生歧义，因此，在程序设计中，一般不建议使用。对于初学者而言，建议使用流程图的方式描述算法。

使用一组特定的图形符号加上简明扼要的文字说明来描述算法的图，称为流程图，即用图的形式描述算法。在流程图中，用带有箭头的流程线表示执行的先后顺序，用不同形状的符号表示具体含义。流程图的符号及其含义如表 19.1 所示。

表　19.1

符　　号	名　　称	含　　义
圆角矩形	开始/结束	表示流程的开始或结束
平行四边形	输入框/输出框	表示数据的输入或输出
矩形	具体语句	表示流程中单独的一个步骤
菱形	条件判断框	表示流程中的具体条件判断
→ ← ↓ ↑	流程线	表示流程执行的流向

【例 19.1】　已知圆的半径为一个正数 $r(r>0)$，求圆的面积 s。画出它的流程图。

【流程图】

求圆的面积的流程图如图 19.1 所示。

【例题分析】

该例题源自于例 18.1，在开始编写程序前，应事先设计算法（画出流程图），再开始编写程序。

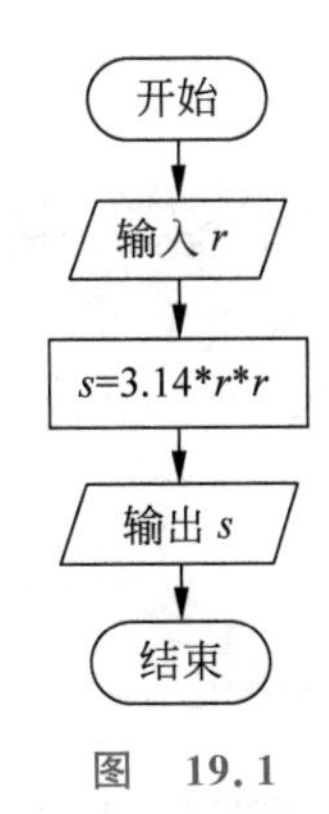

图 19.1

实践园

请根据流程图 19.2 编写程序。

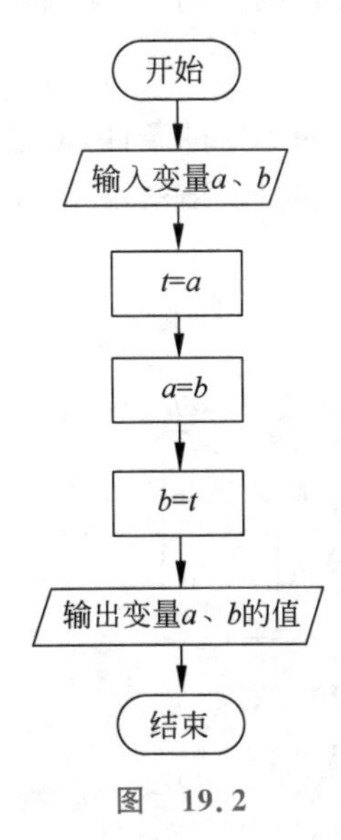

图 19.2

第 20 课 程序基本结构

熟知程序的三大基本结构。

程序(或算法)一般可以表示为三种基本结构：顺序结构、选择结构(也称分支结构)、循环结构。

1. 顺序结构

顺序结构是最简单的程序结构，表示程序自上而下，不遗漏、不重复地顺序执行每一条语句，直到程序结束。顺序结构的流程图如图 20.1 所示。

2. 选择结构

选择结构，也称分支结构，用于判断给定的条件，根据判断结果的成立与否，选择不同的分支路径，有单分支结构、双分支结构和多分支结构，其流程图分别如图 20.2～图 20.4 所示。

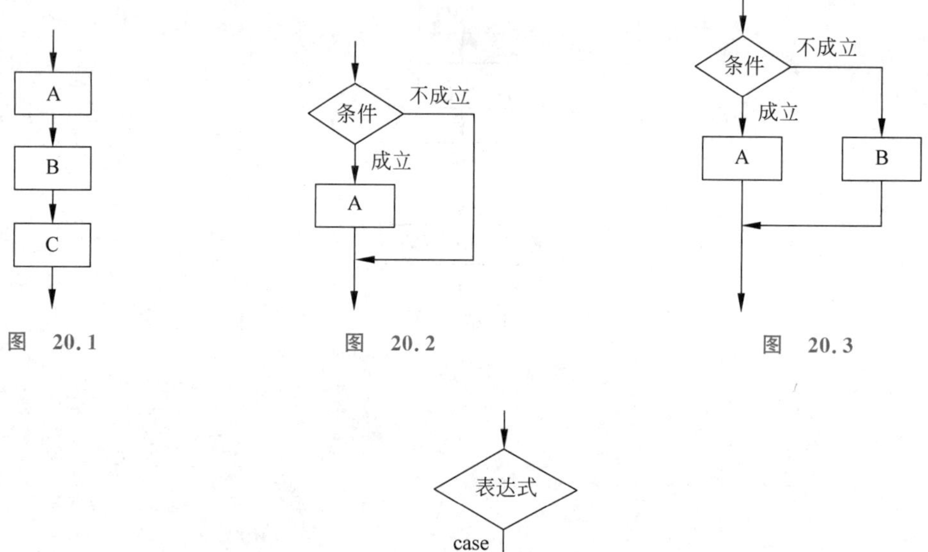

图 20.1　　图 20.2　　图 20.3

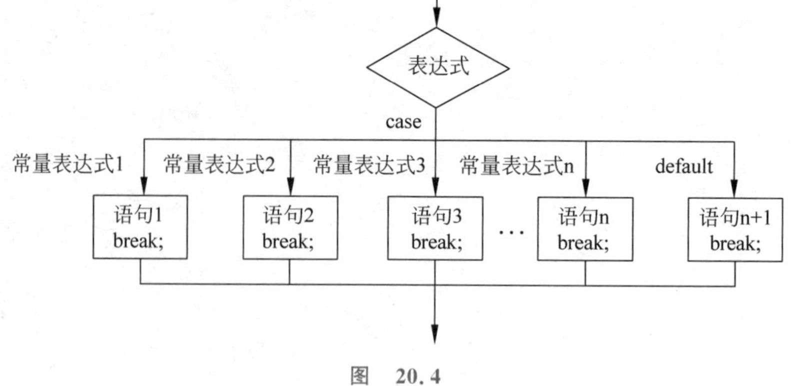

图 20.4

3. **循环结构**

循环结构又称重复结构，是指在程序中需要反复执行某一条或某一组语句的一种程序结构，其中“某一条或某一组语句”称为循环体。循环结构一般有两种类型：当型循环和直到型循环，其流程图分别如图 20.5 和图 20.6 所示。

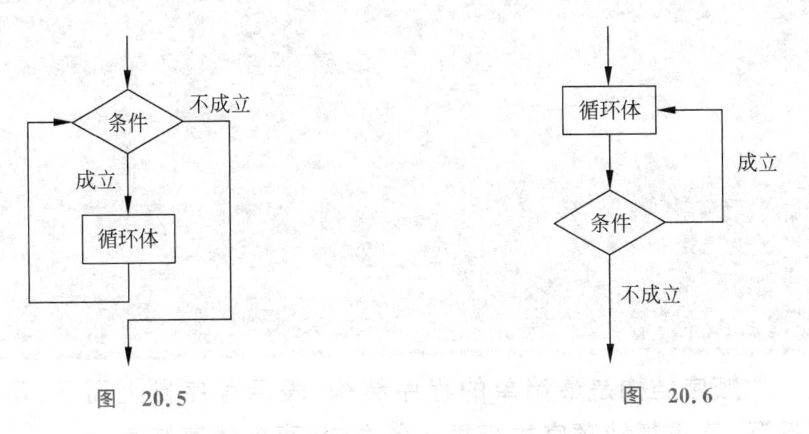

图 20.5　　图 20.6

本节课介绍了程序的基本结构，在后面的学习中将依次详细介绍三种结构的使用和经典案例。

实践园

程序的三大基本结构分别是什么？

Chapter 4

第4章

顺序结构

顺序结构是最简单的程序结构，表示程序自上而下，不遗漏、不重复地顺序执行每一条语句，直到程序结束。

C++语言在默认的情况下采取的是顺序结构。因此，前3章中学习的所有案例程序均属于顺序结构，本章将继续学习顺序结构的一些经典例题。

第21课 数位之和

掌握分离整数的各个数位的方法。

【例21.1】 输入一个三位数 x,求出数 x 百位、十位、个位上的三个数之和。

【参考程序】

```
1  #include<iostream>
2  using namespace std;
3  int main()
4  {
5      int x,a,b,c;
6      cout<<"请输入一个三位数：";
7      cin>>x;
8      a=x/100;                    //百位数
9      b=(x/10)%10;                //十位数
10     c=x%10;                     //个位数
11     cout<<"各数位上的数字之和是："<<a+b+c;
12     return 0;
13 }
```

【运行结果】

```
请输入一个三位数：123
各数位上的数字之和是：6
```

【程序分析】

程序中的第8～10行分别求出。这个三位数的百位上的数、十位上的数、个位上的数。

实践园

反向输出一个三位数,即将一个三位数反向输出。

注：题目出自 http://noi.openjudge.cn 中1.3编程基础之算术表达式与顺序执行/13。

输入：一个三位数 n。

输出：反向输出 n。

【样例输入】

```
100
```

【样例输出】

```
001
```

C++ 第22课 大象喝水

(1) 学会使用公式法求解大象喝水问题。

(2) 学会升/毫升/立方厘米的单位换算。

【例 22.1】 一只大象口渴了，要喝 20 升水才能解渴，现在只有一个深 h 厘米，底面半径为 r 厘米的小圆桶(h 和 r 都是整数)，如图 22.1 所示。问大象至少要喝多少桶水才会解渴。

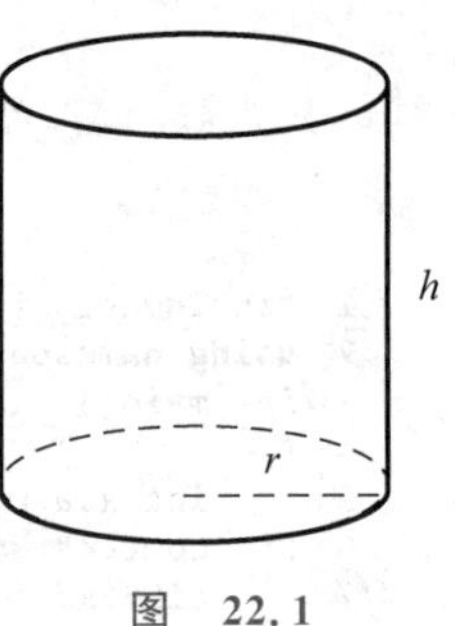

图 22.1

注：题目出自 http://noi.openjudge.cn 中 1.3 编程基础之算术表达式与顺序执行/14。

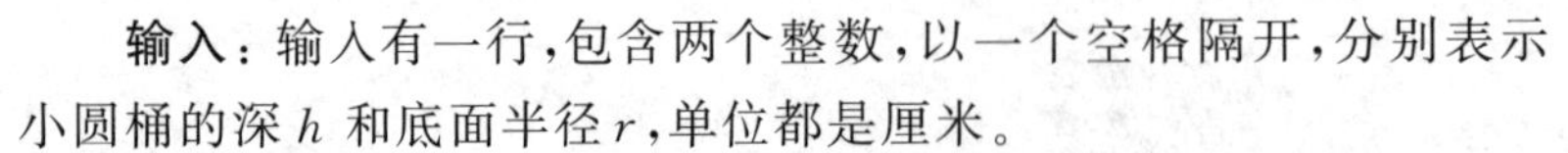

输入：输入有一行，包含两个整数，以一个空格隔开，分别表示小圆桶的深 h 和底面半径 r，单位都是厘米。

输出：输出有一行，包含一个整数，表示大象至少要喝水的桶数。

【样例输入】

```
23 11
```

【样例输出】

```
3
```

【参考程序】

```
1  #include<iostream>
2  using namespace std;
3  int main()
4  {
5      const double PI=3.14159;
6      int h,r,num;
7      int ml=20000;              //20升=20*1000毫升=20000毫升
8      double v;
9      cin>>h>>r;                //输入小圆桶的深与底面半径
10     v=PI*r*r*h;               //一个小圆桶的容水量
11     num=ml/v+1;               //大象至少要喝水的桶数
12     cout<<num;
13     return 0;
14 }
```

【运行结果】

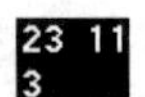

【程序分析】

设计算法：使用“求圆柱体体积”的公式法解决问题，圆柱的体积公式为 $V=\pi r^2 h$。

在求解问题的过程中应注意单位换算，即 1 升=1000 毫升，1 毫升=1 立方厘米。

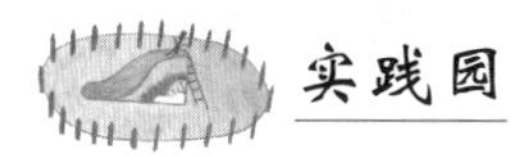

实践园

计算球的体积。对于半径为 r 的球，其体积的计算公式为 $V=4/3*\pi r^3$ $\left(V=\frac{4}{3}\pi r^3\right)$，这里取 $\pi=3.14$。现给定 r，求 V。

注：题目出自 http://noi.openjudge.cn 中 1.3 编程基础之算术表达式与顺序执行/12。

输入：输入为一个不超过 100 的非负实数，即球半径，类型为 double。

输出：输出一个实数，即球的体积，保留小数点后 2 位。

【样例输入】

```
4
```

【样例输出】

```
267.95
```

第23课　海伦公式

(1) 学会使用海伦公式求三角形面积，即 $s=\sqrt{p(p-a)(p-b)(p-c)}$，其中 a、b、c 分别为三角形的三条边，$p=(a+b+c)/2$。

(2) 学会使用平方根函数 sqrt()。

【例 23.1】　传说古代的叙拉古国王海伦二世发现了这个公式，即利用三角形的三条边长求解三角形的面积。

【参考程序】

```
1  #include<iostream>
2  #include<cmath>                //使用sqrt()函数须调用cmath库
3  using namespace std;
4  int main()
5  {
6      double a,b,c,p,s;
7      cout<<"请分别输入三角形的三条边：";
8      cin>>a>>b>>c;
9      p=(a+b+c)/2;
10     s=sqrt(p*(p-a)*(p-b)*(p-c));          //海伦公式
11     cout<<a<<"、"<<b<<"、"<<c;
12     cout<<"所构成的三角形面积为："<<s<<endl;
13     return 0;
14 }
```

【运行结果】

```
请分别输入三角形的三条边：3 4 5
3、4、5所构成的三角形面积为：6
```

【程序分析】

在程序的第 10 行中，使用了 sqrt(x) 函数返回 x 的平方根，即返回 $\sqrt{x}$。使用该函数须包含头文件 #include<cmath> 或 #include<math.h>。为提高编程效率，在以后的学习中，还会经常使用该头文件调用一些常见的数学函数，因此需要记忆该头文件。

实践园

计算三角形面积。平面上有一个三角形，它的三个顶点坐标分别为 (x_1, y_1)，(x_2, y_2)，(x_3, y_3)，如图 23.1 所示，请问这个三角形的面积是多少。

注：题目出自 http://noi.openjudge.cn 中 1.3 编程基础之算术表达式与顺序执行/17。

提示：先用勾股定理 $c=\sqrt{a^2+b^2}$ 求出三条边的长度，再用海伦公式求出面积。

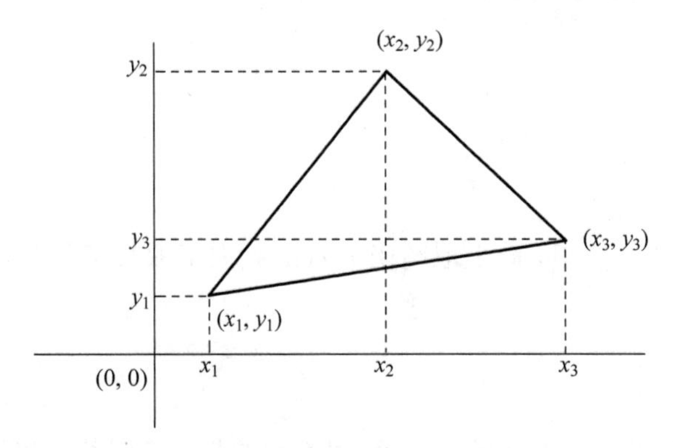

图 23.1

输入：输入仅一行，包括 6 个单精度浮点数，分别对应 x_1、y_1、x_2、y_2、x_3、y_3。

输出：输出也是一行，输出三角形的面积，精确到小数点后 2 位。

【样例输入】

```
0 0 4 0 0 3
```

【样例输出】

```
6.00
```

第 24 课　苹果和虫子

导学牌

学会取整函数的使用：向上取整函数 ceil()、向下取整函数 floor()以及四舍五入取整函数 round()。

【例 24.1】　你买了一箱苹果共 n 个，很不幸的是买完时箱子里混进了一条虫子。虫子每 x 小时能吃掉一个苹果，假设虫子在吃完一个苹果之前不会吃另一个，那么经过 y 小时你还有多少个完整的苹果？

注：题目出自 http://noi.openjudge.cn 中 1.3 编程基础之算术表达式与顺序执行/15。

输入：输入仅一行，包括 n、x 和 y（均为整数）。输入数据保证 $y \leqslant n * x$。

输出：输出也仅一行，剩下的苹果个数。

【样例输入】

```
10 4 9
```

【样例输出】

```
7
```

【参考程序】

```
1  #include<iostream>
2  #include<cmath>                  //使用ceil()函数须调用cmath库
3  using namespace std;
4  int main()
5  {
6      double n,x,y,m;
7      cin>>n>>x>>y;
8      m=y/x;                       //虫子能吃完的苹果数
9      cout<<n-ceil(m)<<endl;       //ceil(m)是求不小于m的最小整数
10     return 0;
11 }
```

【运行结果】

```
10 4 9
7
```

【程序分析】

在程序的第 9 行中，使用了向上取整函数 ceil(m)，返回的是大于等于 m 的最小整数。另外，还有向下取整函数 floor(m)：返回小于 m 的最大整数；四舍五入取整函数

round(m)：返回 m 的四舍五入整数值。使用以上取整函数，须包含头文件＃include<cmath>或＃include<math.h>。

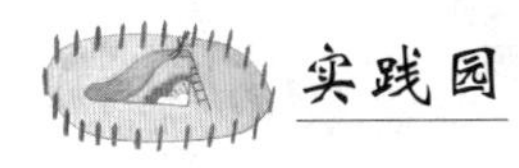

实践园

阅读程序，写出结果，并上机验证。

```
#include<iostream>
#include<cmath>
using namespace std;
int main()
{
    double a=3.1,b=5.2,c=7.8;
    cout<<ceil(a)<<endl;
    cout<<floor(b)<<endl;
    cout<<round(c)<<endl;
    return 0;
}
```

第25课　计算2的幂

学会幂函数 pow(x,y)的使用。

【例25.1】 给定非负整数 n，求 2^n。

注：题目出自 http://noi.openjudge.cn 中 1.3 编程基础之算术表达式与顺序执行/20。

输入：一个整数 n。$0 \leqslant n < 31$。

输出：一个整数，即 2 的 n 次方。

【样例输入】

```
3
```

【样例输出】

```
8
```

【参考程序】

```
 1  #include<iostream>
 2  #include<cmath>              //使用pow(x,y)函数须调用cmath库
 3  using namespace std;
 4  int main()
 5  {
 6      int n,s;
 7      cin>>n;
 8      s=pow(2,n);             //计算2的n次幂，结果为双精度浮点型
 9      cout<<s<<endl;
10      return 0;
11  }
```

【运行结果】

【程序分析】

在程序的第 8 行中，使用了 pow(x,y)函数，即返回 x 的 y 次幂函数，须包含头文件#include＜cmath＞或#include＜math.h＞。在该程序中，要求 n＜31 是为了防止结果溢出，即防止超出双精度浮点型的数值范围。

实践园

输入四个整数 a、b、c、n，求 $a^n+b^n+c^n$。

输入：一行四个整数 a、b、c、n。a、b、c 均小于 200，$n<6$。

输出：一个整数，即 $a^n+b^n+c^n$ 的值。

【样例输入】

```
23  24  25  3
```

【样例输出】

```
41616
```

Chapter 5

第5章

选择结构

在现实问题中，人们往往需要根据实际情况进行选择性地解决问题。例如，根据天气预报（晴天或者雨天），选择是打雨伞还是不打雨伞出门。这时，程序执行的顺序不再是从前往后逐一执行，而是根据具体条件选择执行某条语句。

选择结构（又称分支结构）主要用来解决实际问题中根据不同条件来选择执行和不执行某些语句。C++的选择类语句包括 if 单分支选择结构，if-else 双分支选择结构和 switch 多分支选择结构。

第 26 课　if 语句

学会 if 语句的两种格式及其应用。

if 语句的一般格式 1 如下：

```
if(表达式)
  语句 A;
```

【说明】　如果“表达式”的值为真(条件成立)，则执行“语句 A”；否则，忽略“语句 A”，按顺序执行程序中的后续语句。if 语句的流程图如图 26.1 所示。

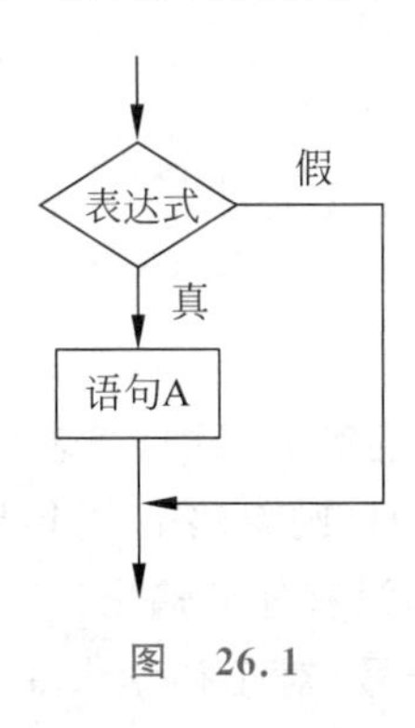

图　26.1

if 语句的一般格式 2 如下：

```
if(表达式)
{
  语句 A;
  语句 B;
  …
}
```

【说明】　如果“表达式”的值为真(条件成立)，则执行多个语句，需要将这些语句用一对花括号括起来，这种形式称为语句块或复合语句。

【程序编写格式】　从语法上来讲，整个 if 语句可以写在一行。一般的做法是如果表达式和语句都非常简单，那么整个语句可以写在一行；否则，最好在表达式后换行，而且语句部分要相对 if 缩进两格。

【例 26.1】 输入一个实数 x，如果 x 为正数，在屏幕上输出 x is positive。

【参考程序】

```
1  #include<iostream>
2  using namespace std;
3  int main()
4  {
5      double x;
6      cout<<"请输入一个实数：";
7      cin>>x;
8      if(x>0)
9        cout<<"x is positive"<<endl;  //当x>0成立，执行此条语句
10     return 0;
11 }
```

【运行结果 1】

```
请输入一个实数：3.7
x is positive
```

【运行结果 2】

```
请输入一个实数：-3.7
```

【程序分析】

从运行结果 1 可以看出，在程序的第 8 行中，当表达式成立时，输出 x is positive；从运行结果 2 可以看出，当表达式不成立时，则忽略 if 语句执行程序的后续语句，if 语句的后续语句是 return 0，所以直接结束程序，没有任何输出。

在 if 语句中，表达式括号后无分号，对于初学者来说，易犯加上分号的错误，因此需要加以注意。如果在括号后加了分号，编译器并不会报错，因为程序并没有语法错误，但是当表达式成立时，它会执行一条空语句，原本该执行的语句变成了 if 语句的后续语句。

对于该例题来说，如果在括号后加了分号，无论表达式是否成立，cout＜＜"x is positive"；都会被执行。同学们可上机验证一下。

【例 26.2】 输入两个正整数 a、b，如果 a 大于 b，则交换 a 和 b 的值，程序要求输出 a 和 b 的值。

【参考程序】

```
1  #include<iostream>
2  using namespace std;
3  int main()
4  {
5      int a,b,t;
6      cout<<"请分别输入a、b：";
7      cin>>a>>b;
8      if(a>b)
```

```
 9    {
10        t=a;
11        a=b;
12        b=t;                    //当a>b成立，交换a和b的值
13    }
14    cout<<"a="<<a<<",b="<<b<<endl;
15    return 0;
16 }
```

【运行结果 1】

```
请分别输入a、b：5 3
a=3,b=5
```

【运行结果 2】

```
请分别输入a、b：6 8
a=6,b=8
```

【程序分析】

在程序的第 8 行中，当表达式的值为真(条件成立)时，则要执行多个语句需要将这些语句用一对花括号括起来，组成一个语句块，否则编译器会默认语句块的第一条语句为 if 语句需要执行的语句，其余为 if 语句的后续语句。

实践园

尝试写出 if 语句的两种格式，并思考两种格式中需要注意的事项。

第 27 课　输出绝对值

学会绝对值函数 abs()的使用。

【例 27.1】 输入一个浮点数,输出这个浮点数的绝对值。

注:题目来自 http://noi.openjudge.cn 中 1.4 编程基础之逻辑表达式与条件分支/02。

输入:输入一个浮点数,其绝对值不超过 10000。

输出:输出这个浮点数的绝对值,保留到小数点后两位。

【样例输入】

```
-3.14
```

【样例输出】

```
3.14
```

【参考程序 1】

```
#include<iostream>
using namespace std;
int main()
{
    double x;
    cin>>x;
    if(x<0)
      x=-x;
    printf("%.2lf",x);             //保留到小数点后两位
    return 0;
}
```

【运行结果】

```
-3.14
3.14
```

【程序分析】

在程序中的第 7、8 行,if 语句实现"保证变量 x 中的数值始终是正数"。其实还可以直接使用绝对值函数 abs()实现,如参考程序 2 所示。

【参考程序 2】

```
#include<iostream>
#include<cmath>             //使用abs()函数须调用cmath库
using namespace std;
int main()
{
    double x,n;
    cin>>x;
    n=abs(x);              //返回x的绝对值
    printf("%.2lf",n);
    return 0;
}
```

【运行结果】

```
-3.14
3.14
```

【程序分析】

在程序的第 8 行中，使用了 abs()函数返回 x 的绝对值，使用该函数须包含头文件#include<cmath>或#include<math.h>。

实践园

输入一个正整数 x，判断这个正整数是否是两位数($10 \leqslant x \leqslant 99$)，如果是，输出 yes。

第 28 课　if-else 语句

学会 if-else 的两种格式及其应用。

if-else 语句的一般格式 1 如下：

```
if(表达式)
  语句 A;
else
  语句 B;
```

【说明】 如果"表达式"的值为真，那么执行"语句 A"；否则，执行"语句 B"。if-else 双分支结构的流程图如图 28.1 所示。

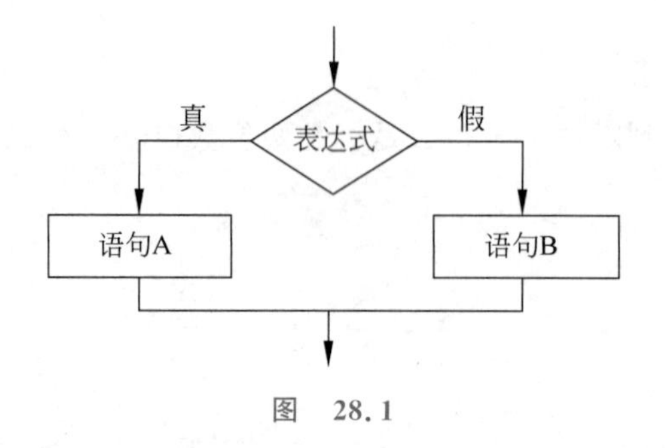

图　28.1

if-else 语句的一般格式 2 如下：

```
if(表达式)
{
  语句 A;
                    语句块 1
  语句 B;
  …
}
else
{
  语句 C;
                    语句块 2
  语句 D;
  …
}
```

【说明】 如果"表达式"的值为真，那么执行"语句块 1"；否则，执行"语句块 2"。

【程序编写格式】 书写 if-else 语句时，if 和 else 要对齐，而分支的语句部分要缩进两格。

【例 28.1】 奇偶数判断。给定一个整数，判断该数是奇数还是偶数。

注：题目出自 http://noi.openjudge.cn 中 1.4 编程基础之逻辑表达式与条件分支/03。

输入：输入仅一行，一个大于零的正整数 n。

输出：输出仅一行，如果 n 是奇数，输出 odd；如果 n 是偶数，输出 even。

【样例输入】

```
5
```

【样例输出】

```
odd
```

【参考程序】

```
1  #include<iostream>
2  using namespace std;
3  int main()
4  {
5      int n;
6      cin>>n;
7      if(n%2==0)          //判断奇偶数的条件，等价于(n%2!=1)
8        cout<<"even";
9      else
10       cout<<"odd";
11     return 0;
12 }
```

【运行结果】

【程序分析】

在程序中需要特别注意两个初学者易犯的错误：一个是在第 7 行中，判断奇偶数条件中的等号==不能误写成赋值号=；另一个是在第 9 行中，else 后没有表达式，一些初学者很容易在 else 后再写一遍判断条件的表达式。

对于该例题，还可以使用前面学过的条件表达式实现：直接将第 7～10 行改写成 (n%2==0)? cout<<"even": cout<<"odd";，同学们可以自行上机验证。

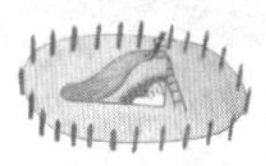

实践园

尝试写出 if-else 语句的两种格式，并思考两种格式中需要注意的事项。

第29课 判断闰年

(1) 掌握两种判断闰年的方法。

① 公历年份不是整百数的是四年一闰,即“四年一闰、百年不闰”。

② 公历年份是整百数的是四百年一闰,即“四百年一闰”。

(2) 掌握将判断闰年的条件转变成判断表达式的方法。

【例 29.1】 判断某年是否是闰年。

注:题目来自 http://noi.openjudge.cn 中 1.4 编程基础之逻辑表达式与条件分支/17。

输入:输入一行,包含一个整数 $a(0<a<3000)$。

输出:输出一行,如果公元 a 年是闰年,则输出 Y;否则,输出 N。

【样例输入】

```
2006
```

【样例输出】

```
N
```

【参考程序】

```
1  #include<iostream>
2  using namespace std;
3  int main()
4  {
5      int n;
6      cin>>n;
7      if(n%4==0&&n%100!=0||n%400==0)   //判断闰年的两个条件
8        cout<<"Y";
9      else
10       cout<<"N";
11     return 0;
12 }
```

【运行结果】

```
2006
N
```

【程序分析】

在程序的第7行中,判断闰年的两种方法可以转换成对应的表达式:“四年一闰、百年

不闰”转换成表达式为 n%4==0&&n%100!=0；“四百年一闰”转换成表达式为 n%400==0。这两个条件只要满足其一，就能判断平、闰年，因此两者是或||关系，在第 14 课“运算符的优先级”中，可得知逻辑与 && 的优先级高于逻辑或||。因此，两个条件的连接可不必加括号。

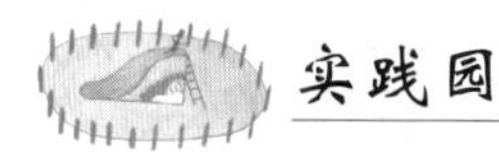

实践园

三角形判断。给定三个正整数，分别表示三条线段的长度，判断这三条线段能否构成一个三角形。

注：题目出自 http://noi.openjudge.cn 中 1.4 编程基础之逻辑表达式与条件分支/16。

提示：三角形的任意两边之和大于第三边。

输入：输入仅一行，包含三个正整数，分别表示三条线段的长度，数与数之间以一个空格隔开。

输出：如果能构成三角形，则输出 yes；否则输出 no。

【样例输入】

```
3 4 5
```

【样例输出】

```
yes
```

第 30 课 嵌套 if 语句

理解嵌套 if 语句的含义。

嵌套 if 语句是指在 if-else 分支中还存在 if-else 语句。

嵌套 if 语句的一般格式如下：

```
if(表达式)
  if(表达式)语句 A;
  else 语句 B;
else
  if(表达式) 语句 C;
  else 语句 D;
```

【说明】 在使用嵌套 if 语句时，需要特别注意 if 与 else 的配对原则：else 总是与它上面最近的且未配对的 if 配对。

【例 30.1】 判断数的正负。给定一个整数 N，判断其正负。

注：题目来自 http://noi.openjudge.cn 中 1.4 编程基础之逻辑表达式与条件分支/01。

输入：一个整数 $N(-10^9 \leqslant N \leqslant 10^9)$。

输出：如果 $N>0$，输出 positive；如果 $N=0$，输出 zero；如果 $N<0$，输出 negative。

【样例输入】

```
1
```

【样例输出】

```
positive
```

【参考程序】

```
1  #include<iostream>
2  using namespace std;
3  int main()
4  {
5      long n;
6      cin>>n;
7      if(n>0)
8        cout<<"positive";
9      else if(n==0)
10             cout<<"zero";
```

```
11            else
12              cout<<"negative";
13        return 0;
14    }
```

【运行结果】

【程序分析】

从程序中的第 7～12 行可以看出，程序采用了缩进方式，让同层次的 if 与 else 对齐。这样可以清晰地表达嵌套 if 语句，同时还能让程序的可读性更强。

实践园

(1) 尝试写出在嵌套 if 语句中 if-else 的配对原则。

(2) 将例题中嵌套 if 语句改写成三条 if 语句来实现判断数的正负。

第 31 课　整数大小比较

学会使用嵌套 if 语句解决整数大小比较问题。

【例 31.1】 输入两个整数,比较它们的大小。

注:题目出自 http://noi.openjudge.cn 中 1.4 编程基础之逻辑表达式与条件分支/05。

输入:输入为一行,包含两个整数 x 和 y($0 \leqslant x < 2^{32}$,$-2^{31} \leqslant y < 2^{31}$),中间用单个空格隔开。

输出:输出为一个字符。若 $x > y$,输出>;若 $x = y$,输出=;若 $x < y$,输出<。

【样例输入】

```
1000  100
```

【样例输出】

```
>
```

【参考程序】

```
1  #include<iostream>
2  using namespace std;
3  int main()
4  {
5      int x,y;
6      cin>>x>>y;
7      if(x>y)
8        cout<<">"<<endl;
9      else                    //else中又嵌套了一个if-else语句
10     {
11         if(x==y) cout<<"="<<endl;
12         else cout<<"<"<<endl;
13     }
14     return 0;
15 }
```

【运行结果】

```
1000 100
>
```

【程序分析】

嵌套 if 语句实际上就是特殊的 if-else 语句，为了让程序更加直观、易读、便于理解，可以采取例题中的书写格式。

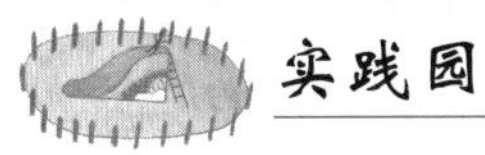

实践园

输入三个数，输出其中最大的数。（请用至少两种算法。）

第32课 switch语句

(1) 理解 switch 语句的含义。

(2) 学会 switch 语句的格式及其应用。

当分支语句比较多时，虽然可以用嵌套的 if 语句来解决，但是程序显得较为复杂，甚至凌乱。因此，C++提供了一个专门用于处理多分支结构的 switch 语句，也称为开关语句。

(1) switch 语句的一般格式如下：

```
switch (表达式/表达式的值)
{
  case 常量表达式 1:语句 1;break;
  case 常量表达式 2:语句 2;break;
              ⋮
  case 常量表达式 n:语句 n;break;
  default:语句 n + 1;break;
}
```

(2) switch 语句的执行过程如图 32.1 所示。

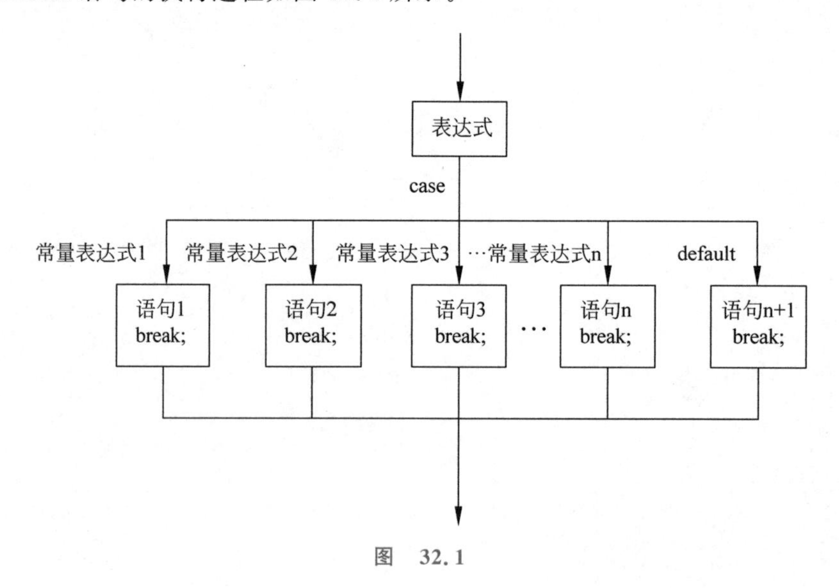

图 32.1

① 先计算 switch 后面括号内表达式的值。switch 后面括号内的表达式可以是整型、字符型、布尔型。

② 当表达式的值与 case 关键字后的常量相等时，则执行其后的语句，直至遇到 break

语句为止。

③ 当表达式的值与所有 case 关键字子句中的常量表达式的值均不相同时，则执行 default 后的语句。

【例 32.1】 输入一个表示星期几的数字，并输出对应的英文单词。

【参考程序】

```
1  #include<iostream>
2  using namespace std;
3  int main()
4  {
5      int w;
6      cin>>w;
7      switch(w)
8      {
9      case 1:cout<<"Monday"<<endl;break;
10     case 2:cout<<"Tuesday"<<endl;break;
11     case 3:cout<<"Wednesday"<<endl;break;
12     case 4:cout<<"Thursday"<<endl;break;
13     case 5:cout<<"Friday"<<endl;break;
14     case 6:cout<<"Saturday"<<endl;break;
15     case 7:cout<<"Sunday"<<endl;break;
16     default:cout<<"input error!"<<endl;break;
17     }
18     return 0;
19 }
```

【运行结果】

```
4
Thursday
```

【程序分析】

在使用 switch 语句时，还应注意以下几点。

(1) case 语句后的各常量表达式的值不能相同，否则会出现错误。

(2) 在 case 语句后，允许有多个语句，用分号隔开，无须用{}括起来。

(3) 各 case 和 default 子句的先后顺序可以变动，不影响程序执行结果。

(4) default 子句可以省略，default 后面的语句末尾可以不必写 break。

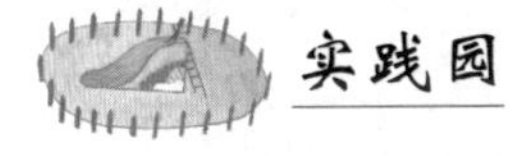

实践园

请将例 32.1 中 switch 语句里的所有 break 删去，然后输入 4，请同学们试一下运行程序后会出现什么情况？

第 33 课　简单计算器

学会使用 switch 语句解决简单计算器问题。

【例 33.1】　一个最简单的计算器支持+、-、*、/ 四种运算。仅需考虑输入、输出为整数的情况，数据和运算结果不会超过 int 表示的范围。

注：题目出自 http://noi.openjudge.cn 中 1.4 编程基础之逻辑表达式与条件分支/19。

输入：输入一行，共有三个参数，其中第 1、2 个参数为整数，第 3 个参数为操作符。

输出：输出一行，为一个整数，是运算结果。然而：

(1) 如果出现除数为 0 的情况，则输出 Divided by zero!。

(2) 如果出现无效的操作符(即不为 +、-、*、/之一)，则输出 Invalid operator!。

【样例输入】

```
1 2 +
```

【样例输出】

```
3
```

【参考程序】

```cpp
#include<iostream>
using namespace std;
int main()
{
    int a,b;
    char x;
    cin>>a>>b>>x;
    switch(x)
    {
        case '+':cout<<a+b;break;
        case '-':cout<<a-b;break;
        case '*':cout<<a*b;break;
        case '/':if(b!=0) cout<<a/b;
                 else cout<<"Divided by zero!"; break;
        default:cout<<"Invalid operator!";
    }
    return 0;
}
```

【运行结果】

【程序分析】

程序中的第 14 行是除数为 0 时的输出情况。

从程序中可以看出，使用 switch 语句来解决该问题更加清晰，可读性更强。

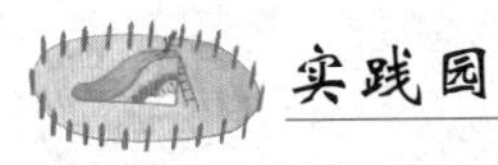

实践园

光明小学规定，若考试成绩≥90 分为 A；若在 70(含 70)～90 分为 B；若在 60(含 60)～70 分为 C；60 分以下为 D。现在请输入成绩 n($0 \leqslant n \leqslant 100$)，判断该成绩属于 A、B、C、D 中的哪个等级。

【样例输入】

```
80
```

【样例输出】

```
B
```

Chapter 6

第6章

循环结构

在生活中，人们常常会遇到许多有规律的重复性工作，为了完成这些重复的工作，需要花费大量时间。同样地，在程序设计中，我们也常常会遇到需要重复执行的某一条或一组语句，我们将这样的一种结构称为循环结构。

C++语言提供了三种循环结构，分别是 for 循环、while 循环和 do-while 循环。本章将对它们一一进行介绍。

第 34 课　for 语句

掌握 for 语句的格式及其执行过程。

(1) for 循环语句的一般格式如下：

```
for (循环变量赋初值;循环条件;循环变量增量)
  重复执行的语句;
```

【说明】 其中"重复执行的语句;"就是循环体,循环体可以是一个简单的语句,也可以是由多个语句组成的语句块,语句块需要用一对{}括起来。

【程序书写格式】 书写 for 循环语句时,循环体的语句相对于 for 缩进两格。

(2) for 循环语句的执行过程如下。

① 先执行循环变量赋初值语句。

② 判断循环变量是否满足循环条件,若满足,则执行循环体;否则,执行④。

③ 执行循环变量增量语句,然后转到②继续执行。

④ 结束整个 for 循环,执行程序的后续语句。

for 循环语句的流程图如图 34.1 所示。

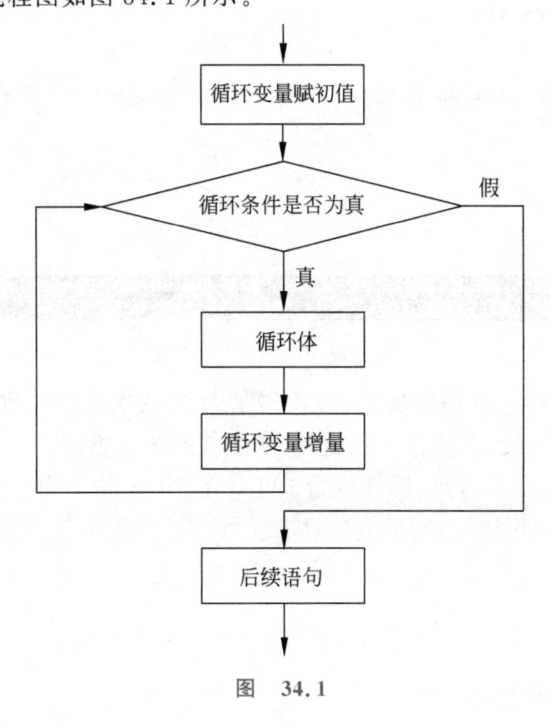

图　34.1

【例 34.1】 输出 1～100 之间所有的偶数。

算法 1：

【参考程序 1】

```
1  #include<iostream>
2  using namespace std;
3  int main()
4  {
5      int i;
6      for(i=1;i<=100;i++)        //对i从1~100之间逐一取值
7        if(i%2==0)               //判断每一个数，是偶数则输出
8          cout<<i<<" ";
9      return 0;
10 }
```

【运行结果】

```
2 4 6 8 10 12 14 16 18 20 22 24 26 28 30 32 34 36 38 40 42 44 46 48 50 52 54 56
58 60 62 64 66 68 70 72 74 76 78 80 82 84 86 88 90 92 94 96 98 100
```

【程序分析】

算法设计：将 1～100 之间的所有整数一一列举，逐一判断，符合偶数条件，则输出。该算法的循环语句共执行了 100 次。

算法 2：

【参考程序 2】

```
1  #include<iostream>
2  using namespace std;
3  int main()
4  {
5      for(int i=2;i<=100;i+=2)     //初值为2，终值为100，增量为2
6        cout<<i<<" ";
7      return 0;
8  }
```

【运行结果】

```
2 4 6 8 10 12 14 16 18 20 22 24 26 28 30 32 34 36 38 40 42 44 46 48 50 52 54 56
58 60 62 64 66 68 70 72 74 76 78 80 82 84 86 88 90 92 94 96 98 100
```

【程序分析】

算法设计：设循环变量 i 初值为 2，i 每次增量为 2，依次输出 i，直到 100 为止。该算法的循环语句共执行了 50 次，与算法 1 相比较，算法 2 的效率更高。

从程序中的第 5 行可以看出，循环变量 i 可以在 for 语句中定义，但该变量只在 for 语句中有效，一旦离开了 for 语句，变量就失效了。

实践园

输出 1～100 之间所有的奇数。

第35课 累 加 器

学会使用 for 语句计算求和问题。

【例 35.1】 用 for 语句求 1+2+3+4+5 的和。

【参考程序】

```
1  #include<iostream>
2  using namespace std;
3  int main()
4  {
5      int i,sum=0;
6      for(i=1;i<=5;i++)              //初值为1，终值为5，增量为1
7       sum+=i;                       //求和
8      cout<<"sum="<<sum<<endl;
9      return 0;
10 }
```

【运行结果】

```
sum=15
```

【程序分析】

在程序的第 5 行中，使用了变量 sum 作为累加器，设初值为 0。对于初学者来说，较容易忘记给 sum 设初值 0，因此需要加以注意。在程序的第 7 行中，sum 的变化过程如表 35.1 所示。

表 35.1

循 环	i 值	sum 的变化
第 1 次	1	sum=0+1=1
第 2 次	2	sum=1+2=3
第 3 次	3	sum=3+3=6
第 4 次	4	sum=6+4=10
第 5 次	5	sum=10+5=15

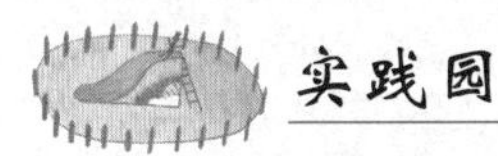

实践园

用 for 语句计算 1～100(含 1 和 100)之间的偶数和、奇数和。

第36课 累 乘 器

学会使用for语句计算求积问题。

【例36.1】 用for语句求1×2×3×4×5的积。

```
1  #include<iostream>
2  using namespace std;
3  int main()
4  {
5      int i,product=1;
6      for(i=1;i<=5;i++)          //初值为1，终值为5，增量为1
7        product*=i;              //求积
8      cout<<"product="<<product<<endl;
9      return 0;
10 }
```

【运行结果】

```
product=120
```

【程序分析】

在程序的第5行中，使用了变量product作为累乘器，设初值为1。对于初学者来说，较容易忘记给product设初值1，因此需要加以注意，如果初值为0，则乘积也为0。在程序的第7行中，product的变化过程如表36.1所示。

表 36.1

循　环	i值	product的变化
第1次	1	product=1*1=1
第2次	2	product=1*2=2
第3次	3	product=2*3=6
第4次	4	product=6*4=24
第5次	5	product=24*5=120

实践园

用for语句计算$n!$的值，$n!=1*2*3*4*\cdots*n$。($n<13$，当$n\geqslant13$时，$n!$的值就溢出了。)

第37课 水仙花数

学会使用 for 语句解决水仙花数问题。

【例 37.1】 输出所有的“水仙花数”,并记录其个数。所谓水仙花数,是指一个三位数,其各数位上数字的立方之和等于该数本身,如 153 是一个水仙花数,因为 $153=1^3+5^3+3^3$。

【参考程序】

```
1  #include<iostream>
2  using namespace std;
3  int main()
4  {
5      int i,a,b,c,num=0;
6  
7      for(i=100;i<1000;i++)
8      {
9          a=i/100;                 //百位
10         b=(i/10)%10;             //十位
11         c=i%10;                  //个位
12         if(i==a*a*a+b*b*b+c*c*c)
13           {
14             num++;              //统计水仙花数的个数
15             cout<<i<<" ";
16           }
17     }
18     cout<<endl;
19     cout<<"水仙花数共有"<<num<<"个。";
20     return 0;
21 }
```

【运行结果】

```
153 370 371 407
水仙花数共有4个。
```

【程序分析】

程序中的第 9~11 行,分别求出当前数 i 百、十、个位上的数。程序第 14 行的变量 num 实现了计数功能,注意不要忘记(在第 5 行)定义变量 num 时,设 num 初值为 0。

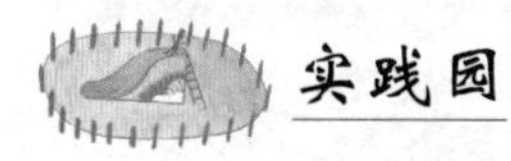

实践园

统计“满足条件的 4 位数”的个数。给定若干个四位数,求出其中满足以下条件的数的个数：个位数上的数字减去千位数上的数字，再减去百位数上的数字，再减去十位数上的数字的结果大于零。

注：题目出自 http://noi.openjudge.cn 中 1.5 编程基础之循环控制/26。

输入：输入两行，第一行为“4 位数”的个数 $n(n\leqslant100)$，第二行为 n 个“4 位数”，数与数之间以一个空格隔开。

输出：输出一行，包含一个整数，表示“满足条件的 4 位数”的个数。

【样例输入】

```
5
1234  1349  6119  2123  5017
```

【样例输出】

```
3
```

第38课 质数与合数

(1) 学会使用 for 语句解决质数与合数问题。

(2) 掌握 return 0 退出当前函数的使用。

一个数,如果只有1和它本身两个因数,这样的数叫作质数(也称素数)。如2,3,5,7,…都是质数。最小的质数是2。

一个数,如果除了1和它本身还有其他因数,这样的数叫作合数。如4,6,8,9,…都是合数。最小的合数是4。

【例38.1】 给定一个正整数$x(1\leqslant x\leqslant 2^{31}-1)$,判断$x$是质数还是合数。注意,1既不是质数,也不是合数。

【参考程序】

```
1  #include<iostream>
2  using namespace std;
3  int main()
4  {
5      int i,x,num=0;
6      cin>>x;
7      if(x==1)
8      {
9          cout<<x<<"既不是质数，也不是合数";
10         return 0;            //当x为1时，退出main函数
11     }
12     for(i=2;i<x;i++)
13         if(x%i==0) num++;    //num记录因数的个数
14     if(num==0)
15       cout<<x<<"是质数";      //如果因数个数为0时，表示该数为质数
16     else
17       cout<<x<<"是合数";      //否则该数是合数
18     return 0;
19 }
```

【运行结果1】

```
1
1既不是质数，也不是合数
```

【运行结果2】

```
101
101是质数
```

【运行结果 3】

```
120
120是合数
```

【程序分析】

程序中的第 10 行语句 return 0；的作用是退出当前的主函数，结束程序。程序中的第 12～17 行判断质数，方法是从除数为 2 开始试除，直到除数为 x－1 为止，一旦出现整除现象，就说明 x 是合数，否则 x 就是质数。在第 14 行中，! num 是! num＝＝1 的简写，表示表达式为非 0，即为真。

实践园

质因数分解。已知正整数 n 是两个不同质数的乘积，试求出较大的那个质数。

注：题目出自 http://noi.openjudge.cn 中 1.5 编程基础之循环控制/43。

输入：输入为一行，包含一个正整数 n。对于 60％的数据，$6\leqslant n\leqslant 1000$。对于 100％的数据，$6\leqslant n \leqslant 2*10^9$。

输出：输出为一行，包含一个正整数 p，即较大的那个质数。

【样例输入】

```
21
```

【样例输出】

```
7
```

第39课 斐波那契数列

导学牌

(1) 学会使用for语句解决斐波那契数列问题。

(2) 学会设置域宽的函数setw()的使用。

【例39.1】 求斐波那契(Fibonacci)数列中的前20个数,并以一行4个数输出这20项。斐波那契数列的特点如下:第1个数和第2个数均为1,从第3个数开始,该数是其前面两个数之和。

【参考程序】

```
1  #include<iostream>
2  #include<iomanip>          //使用setw()函数,须调用iomanip库
3  using namespace std;
4  int main()
5  {
6      long long f1,f2,f;
7      f1=f2=1;
8      cout<<setw(8)<<f1<<setw(8)<<f2;  //输出数列的前两位数
9      for(int i=3;i<=20;i++)           //从第3个数开始
10     {
11         f=f1+f2;              //f存储第i个数,为前两个数之和
12         f1=f2;                //第i+1个数的f1是第i个数的f2
13         f2=f;                 //第i+1个数的f2是第i个数f
14         cout<<setw(8)<<f;     //每个数占8个字符的宽度
15         if(i%4==0)
16           cout<<endl;         //每输出4个数后换行
17     }
18     return 0;
19 }
```

【运行结果】

```
       1       1       2       3
       5       8      13      21
      34      55      89     144
     233     377     610     987
    1597    2584    4181    6765
```

【程序分析】

在程序的第11~13行中,f用于存放当前数,f1用于存储当前数前面两项的第1项,f2用于存储当前数前面两项的第2项。对于初学者来说,这较为抽象,建议在笔记本上将具体的第i个数代进去进行验算,直至理解。在第15、16行中,采用了取余的方法实现输出一行具体几个数的要求。在第8、14行中,使用了setw()函数,详细介绍如下。

setw()函数用来设置域宽。所谓域宽，就是指输出的内容所占的总宽度。

例如：setw(5)表示输出的内容占5个字符的宽度。

如果输出的数据比设置的域宽小，则会默认用空格填充。

例如：int a=20；cout<<setw(10)<<a；表示在输出变量a时，给变量a分配了10个字符的宽度，而a只有2个字符，则在前面补8个空格。

如果输出的数据比域宽大，输出的数据不会被截断，系统会输出所有位。使用setw()函数须包含头文件#include<iomanip>。

实践园

斐波那契数列是指这样的数列：数列的第1个数和第2个数都为1，接下来每个数都等于前面2个数之和。给出一个正整数 k，斐波那契数列中第 k 个数是多少。

注：题目出自 http://noi.openjudge.cn 中1.5编程基础之循环控制/17。

输入：输入为一行，包含一个正整数 $k(1\leqslant k\leqslant 46)$。

输出：输出为一行，包含一个正整数，表示斐波那契数列中第 k 个数的大小。

【样例输入】

```
19
```

【样例输出】

```
4181
```

第40课 while语句

掌握while语句的格式及执行过程。

(1) while语句的一般格式如下：

```
while(表达式)
  循环体;
```

【说明】 其中的循环体可以是一个简单的语句，也可以是有多个语句组成的语句块，如果是语句块，则需要用一对{}括起来。

【程序书写格式】 书写while语句时，循环体的语句相对于while缩进两格。

(2) while循环语句的执行过程如下。

① 先计算表达式的值。

② 当表达式的值为真(非0)时，执行一次循环体。

③ 继续计算和判断表达式的真假，若为真，则执行②；否则，执行④。

④ 结束整个while循环，执行程序的后续语句。

也就是说"当表达式成立时，不断重复执行循环体"，所以又称为"当型循环"。

while循环语句的流程图如图40.1所示。

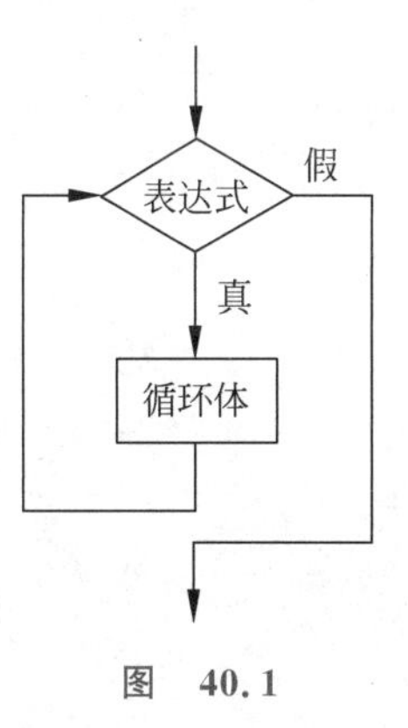

图 40.1

【例40.1】 用while语句求1+2+3+4+5的和。

【参考程序】

```
1  #include<iostream>
2  using namespace std;
3  int main()
4  {
5      int i=1,sum=0;
6      while(i<=5)             //当i的值还未超过5时，执行循环体
7      {
8          sum+=i;             //求和
9          i++;
10     }
11     cout<<"sum="<<sum<<endl;
12     return 0;
13 }
```

【运行结果】

```
sum=15
```

【程序分析】

在程序的第 6 行中，如果将表达式 i<=5 改成 i<1，程序会怎么样呢？

程序会直接跳到第 11 行，因为第一次循环条件不成立，循环体一次也没执行。

第 9 行，如果将语句 i++；删去，程序会怎么样呢？

程序会一直执行语句 sum+=i;，永远不会结束，这种情况称为“死循环”。

实践园

用 while 语句分别求出 1～100(含 1 和 100)之间的偶数和、奇数和。

第41课 银行利息

导学牌

学会使用 while 语句解决银行利息问题。

【例 41.1】 农夫约翰在去年赚了一大笔钱，他想要把这些钱用于投资，并对自己能得到多少收益感到好奇。已知投资的复合年利率为 R（$0 \leqslant R \leqslant 20$，整数）。约翰现有的钱总值为 M（$100 \leqslant M \leqslant 1000000$，整数）。他清楚地知道自己要投资 Y 年（$0 \leqslant Y \leqslant 400$，整数）。请帮助他计算最终他会有多少钱，并输出钱的整数部分。

注：题目出自 http://noi.openjudge.cn 中 1.5 编程基础之循环控制/15。

输入：输入为一行，包含三个整数 R、M、Y，相邻两个整数之间用单个空格隔开。

输出：输出为一个整数，即约翰最终拥有多少钱（整数部分）。

【样例输入】

```
5  5000  4
```

【样例输出】

```
6077
```

【参考程序】

```
1  #include<iostream>
2  using namespace std;
3  int main()
4  {
5      int i=1,y;
6      double r,m;
7      cin>>r>>m>>y;    //分别输入年利率r、现有总值m、投资y年
8      while(i<=y)
9      {
10         m*=(1+r/100);
11         i++;
12     }
13     cout<<(int)m<<endl;
14     return 0;
15 }
```

【运行结果】

```
5 5000 4
6077
```

【程序分析】

在样例中，钱的总数计算如下。

第一年后：1.05×5000=5250。

第二年后：1.05×5250=5512.5。

第三年后：1.05×5512.50=5788.125。

第四年后：1.05×5788.125=6077.53125。

6077.53125 的整数部分为 6077。

在程序的第 14 行中，使用了强制转换符保留结果整数部分。

实践园

用 while 语句实现输入一个整数，并输出其位数。

第42课　角谷猜想

学会使用while语句解决角谷猜想问题。

【例42.1】　所谓角谷猜想，是指对于任意一个正整数，如果是奇数，则乘3加1；如果是偶数，则除以2，得到的结果再按照上述规则重复处理，最终总能够得到1。例如，假定初始整数为5，计算过程分别为16、8、4、2、1。程序要求输入一个整数，将经过上述规则处理得到1的过程输出。

注：题目出自 http://noi.openjudge.cn 中1.5编程基础之循环控制/21。

输入：一个正整数 N，$N \leqslant 2000000$。

输出：从输入整数到1的步骤，每一步为一行，每一步都描述计算过程。最后一行输出End。如果输入为1，则直接输出End。

【样例输入】

```
5
```

【样例输出】

```
5*3+1=16
16/2=8
8/2=4
4/2=2
2/2=1
End
```

【参考程序】

```
1  #include<iostream>
2  using namespace std;
3  int main()
4  {
5      long long n;
6      cin>>n;
7      while(n!=1)                         //如果n不是1，则执行循环体
8      {
9          if(n%2==1)                      //判断是否为奇数
10         {
11             cout<<n<<"*3+1="<<n*3+1<<endl;
12             n=n*3+1;                    //奇数乘3加1
13         }
```

```
14          else
15          {
16              cout<<n<<"/2="<<n/2<<endl;
17              n/=2;               //偶数除以2
18          }
19      }
20      cout<<"End";
21      return 0;
22  }
```

【运行结果】

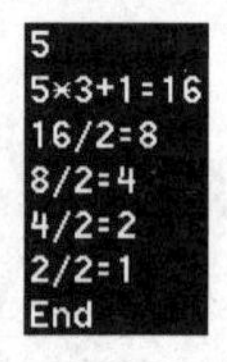
5
5*3+1=16
16/2=8
8/2=4
4/2=2
2/2=1
End

【程序分析】

程序中的第 11、12 行，先输出计算过程后，再更新 n 的值，即将奇数 n 乘 3 加 1 后再赋给 n；同样，程序中的第 16、17 行，先输出计算过程后，再更新 n 的值，即将偶数 n 除以 2 再赋给 n。

实践园

一球从某一高度落下(整数，单位为米)，每次落地后反弹回原来高度的一半，再落下。编程计算气球在第 10 次落地时，共经过多少米？第 10 次反弹多高？

注：题目出自 http://noi.openjudge.cn 中 1.5 编程基础值循环控制 120。

输入：输入一个整数 h，表示球的初始高度。

输出：输出包含以下两行。

第 1 行：到球第 10 次落地时，一共经过的米数。

第 2 行：第 10 次弹跳的高度。

注意：结果可能是实数，结果用 double 类型保存。

提示：输出时不需要对精度特殊控制，用 cout<<ANSWER，或者 printf("%g", ANSWER)即可。

【样例输入】

```
20
```

【样例输出】

```
59.9219
0.0195312
```

第 43 课　最大公因数

学会使用 while 语句解决最大公因数问题。

【例 43.1】　求两个正整数 m、n 的最大公因数(也称最大公约数)。

算法 1:

【参考程序 1】

```
1  #include<iostream>
2  using namespace std;
3  int main()
4  {
5      int m,n,x;
6      cin>>m>>n;
7      x=m>n?n:m;              //设x的初值为两个数中较小者
8      while(x>1&&(m%x!=0||n%x!=0))
9        x--;                  //每次减1, 寻找最大公因数
10     cout<<m<<"和"<<n<<"的最大公因数是"<<x<<endl;
11     return 0;
12 }
```

【运行结果 1】

```
3 5
3和5的最大公因数是1
```

【运行结果 2】

```
1 10
1和10的最大公因数是1
```

【运行结果 3】

```
100 32
100和32的最大公因数是4
```

【运行结果 4】

```
6 36
6和36的最大公因数是6
```

【程序分析】

算法设计,步骤如下。

(1) 设 x 为两数的最大公因数。

（2）x 最大可能是两数中的较小者，最小可能是 1。

（3）从两数中的较小者开始判断，如果 x>1 并且没有出现 x 同时整除 m 和 n 的情况，那么就 x－－；重复判断是否整除。

程序中的第 7 行使用了条件运算符实现找出两数中的较小者，也可以使用 if-else 语句实现。

算法 2：

【参考程序 2】

```
1  #include<iostream>
2  using namespace std;
3  int main()
4  {
5      int m,n,r;
6      cin>>m>>n;
7      cout<<m<<"和"<<n<<"的最大公因数是";
8      r=m%n;                //r是m除以n的余数
9      while(r!=0)           //当余数r还不是0，继续执行循环体
10     {
11         m=n;
12         n=r;
13         r=m%n;
14     }
15     cout<<n;
16     return 0;
17 }
```

【运行结果 1】

```
3 5
3和5的最大公因数是1
```

【运行结果 2】

```
1 10
1和10的最大公因数是1
```

【运行结果 3】

```
100 32
100和32的最大公因数是4
```

【运行结果 4】

```
6 36
6和36的最大公因数是6
```

【程序分析】

算法设计：本题中使用的算法是数学中的求解最大公因数的方法——辗转相除法，也称欧几里得算法。

关于辗转相除法在第 17 课“算法的概念”一课中有详细的介绍，此处不再赘述。

实践园

求两个正整数 m、n 的最小公倍数。算法设计步骤如下。

(1) 设 x 为两数的最小公倍数。

(2) x 一定是两数中大数的倍数。

(3) 依次枚举，从大数的 1 倍、2 倍、3 倍……当找到第 1 个恰好也是小数倍数的数，这个数就是它们的最小公倍数。

第 44 课　猴子吃桃子

导学牌

学会使用 while 语句解决猴子吃桃子问题。

【例 44.1】　猴子第 1 天摘了若干个桃子，吃了一半，还不解馋，又多吃了一个；第 2 天早上又将剩下的桃子吃掉一半，还不过瘾，又多吃了一个；以后每天都吃前一天剩下的一半多一个桃子，到第 10 天想再吃时，只剩下一个桃子了。问第 1 天猴子共摘了多少个桃子？

【参考程序】

```
1  #include<iostream>
2  using namespace std;
3  int main()
4  {
5      int x1,x2=1,day=9;
6      while(day>0)
7      {
8          x1=(x2+1)*2;  //当天桃子数是后一天桃子数+1后的2倍
9          x2=x1;
10         day--;
11     }
12     cout<<"共摘了"<<x1<<"个桃子"<<endl;
13     return 0;
14 }
```

【运行结果】

```
共摘了1534个桃子
```

【程序分析】

算法设计：从后往前推算，第 10 天的桃子数是 1，推算出第 9 天的桃子数是 4(第 9 天的桃子数是第 10 天的桃子数加 1 后再乘以 2，如程序中的第 8 行)，再根据第 9 天的桃子数推算出第 8 天的桃子数是 10……以此类推，直至天数是 0 时停止。这是一个典型的递推算法。

实践园

考试结束后，老师想计算全体学生的平均分，现在无法知道考试人数，但是知道参加考试的人都不是 0 分。所以提供给你若干个考试成绩，以 0 分作为计算的结束标志。请计算出他们的平均分。

【样例输入】

```
90  82  88  96  85  0
```

【样例输出】

```
88.2
```

第 45 课　do-while 语句

掌握 do-while 语句的格式及执行过程。

(1) do-while 语句的一般格式如下：

```
do
循环体;
while (表达式);
```

【说明】　其中的循环体可以是一个简单的语句,也可以是有多个语句组成的语句块,如果是语句块,则需要用一对{}括起来。

(2) do-while 循环语句的执行过程如下。

① 先执行一次循环体,然后判断表达式。

② 当表达式的值为真(非 0)时,重新执行循环体。

③ 继续计算和判断表达式的真假,决定是否再次执行循环体,直到表达式的值为假时,结束循环。

do-while 语句的特点是：至少执行一次循环体。do-while 循环语句的流程图如图 45.1 所示。

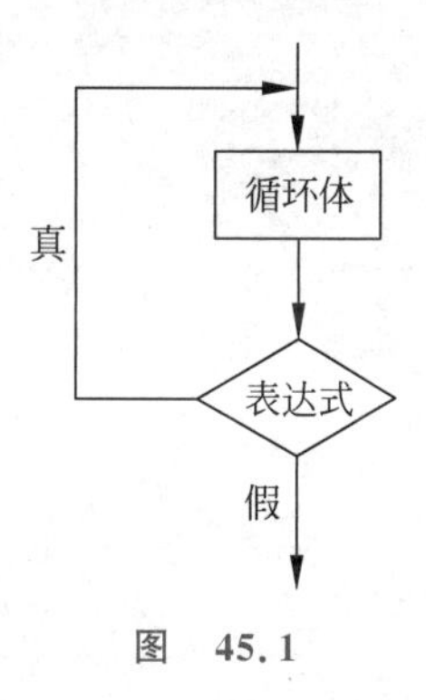

图　45.1

【例 45.1】　用 do-while 语句求 1＋2＋3＋4＋5 的和。

【参考程序】

```
1  #include<iostream>
2  using namespace std;
3  int main()
4  {
5    int i=1,sum=0;
6    do
7    {
8      sum+=i;              //求和
9      i++;
10   }while(i<=5);          //当i的值还未超过5时，执行循环体
11   cout<<"sum="<<sum;
12  return 0;
13 }
```

【运行结果】

```
sum=15
```

【程序分析】

在程序第 10 行中，括号后面；对于初学者来说容易忘记，因此需要加以注意。do-while 语句的循环体至少被执行了一次。

实践园

用 do-while 语句计算 1～100(含 1 和 100)之间的偶数和、奇数和。

第 46 课　级数求和

学会使用 do-while 语句解决级数求和问题。

【例 46.1】　已知 $S_n=1+1/2+1/3+\cdots+1/n$。显然对于任意一个整数 K，当 n 足够大的时候，S_n 大于 K。现给出一个整数 $K(1\leqslant K\leqslant 15)$，要求计算出一个最小的 n 使得 $S_n>K$。

注：题目出自 http://noi.openjudge.cn 中 1.5 编程基础之循环控制/27。

输入：一个整数 K。

输出：一个整数 n。

【样例输入】

```
1
```

【样例输出】

```
2
```

【参考程序】

```
1  #include<iostream>
2  using namespace std;
3  int main()
4  {
5      int n=1;
6      double s=1,k;
7      cin>>k;
8      do
9      {
10         n++;
11         s+=1.00/n;          //级数求和
12     }while(s<=k);          //当不满足s>k时，就要继续循环
13     cout<<n<<endl;
14     return 0;
15 }
```

【运行结果】

```
1
2
```

【程序分析】

程序中的第 6 行使用了双精度浮点型类型。如果使用单精度浮点型，在线提交程序时，只能得到部分分数。因此，需要使用精度更高的双精度浮点型。

实践园

输入若干个正整数，以 0 结尾，统计其中有多少个正整数。

输入：一行若干个整数，最后一个为 0。

输出：一行一个整数，表示输入的数据中正整数的个数。

【样例输入】

```
3 6 -3 2 0
```

【样例输出】

```
3
```

第 47 课　剧场座位

学会使用 do-while 语句解决剧场座位问题。

【例 47.1】　学校小剧场有 1000 个座位，已知第一排有 30 个座位，以后每排增加 2 个座位，请问 1000 个座位最多能排几排？如果按前边的排法将最后一排补全，整个剧场需要多少个座位？

【参考程序】

```
1  #include<iostream>
2  using namespace std;
3  int main()
4  {
5    int i=1,x=30,sum=30;
6    do
7    {
8      i++;
9      x+=2;
10     sum+=x;
11   }while(sum<1000);
12   cout<<"1000个座位最多能排"<<i<<"排"<<endl;
13   cout<<"补全最后一排，剧场需要座位的总数为："<<sum;
14   return 0;
15 }
```

【运行结果】

```
1000个座位最多能排21排
补全最后一排，剧场需要座位的总数为：1050
```

【程序分析】

算法设计：程序中的变量 i 表示当前的排数，x 表示当前排的座位数，sum 表示当前的总座位数。当总座位数还没有达到 1000 时，排数加 1，座位数加 2，重复执行，直至当 s≥1000 时，终止循环。

实践园

数字和。输入一个正整数，输出它的各位数字之和。

【样例输入】

355

【样例输出】

13

第48课 模拟鞭炮

学会使用do-while语句解决模拟鞭炮问题。

【例48.1】 甲、乙、丙三人放鞭炮，甲每隔5秒放一响，乙每隔7秒放一响，丙每隔10秒放一响，三人同时放了第1只鞭炮。每人各放21响，你能听到几响？

算法1：

【参考程序1】

```
1  #include<iostream>
2  using namespace std;
3  int main()
4  {
5   int time=0,count=1,a=0,b=0,c=0;
6   bool flag;                            //响声标记
7   do
8   {
9      flag=0;
10     time++;
11     if(a<21&&time%5==0){a++;flag=1;}
12     if(b<21&&time%7==0){b++;flag=1;}
13     if(c<21&&time%10==0){c++;flag=1;}
14     if(flag) count++;                  //听到响声，count加1
15  }while(a+b+c<=20*3);
16  cout<<count;
17     return 0;
18 }
```

【运行结果】

```
48
```

【程序分析】

算法设计：按放鞭炮的数量，设计模拟放鞭炮过程的算法。开始时，三人同时点燃第1只鞭炮，听到1响。设变量count存放鞭炮响数，flag是响声的标记，a、b、c分别是三人放鞭炮的响声。

算法2：

【参考程序2】

```
1  #include<iostream>
2  using namespace std;
3  int main()
```

```
4 {
5     int time=0,count=1;
6     do
7     {
8         time++;
9         if(time%5==0&&time<=20*5||time%7==0&&time<=20*7
10            ||time%10==0&&time<=20*10)
11           count++;        //满足if表达式条件之一，count加1
12    }while(time<200);
13    cout<<count;
14    return 0;
15 }
```

【运行结果】

```
48
```

【程序分析】

算法设计：按时间顺序，设计模拟放鞭炮过程的算法。开始时，三人同时点燃第1只鞭炮，听到1响。设变量count存放鞭炮响数。

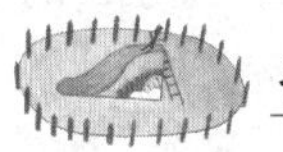

实践园

含k个3的数。输入两个正整数m和k($1<m<100000$，$1<k<5$)，判断m能否被19整除，且恰好含有k个3，如果满足条件，则输出YES；否则，输出NO。比如，输入43833 3满足条件(含有3个3且能被19整除)，输出YES。

注：题目出自http://noi.openjudge.cn中1.5编程基础之循环控制/30。

输入：m和k的值，中间用单个空格间隔。

输出：满足条件时输出YES，不满足条件时输出NO。

【样例输入】

```
43833 3
```

【样例输出】

```
YES
```

第 49 课　循环嵌套

理解循环嵌套的含义。

一个循环体内又包含另一个完整的循环结构，称为循环嵌套，内层嵌套的循环中还可以嵌套循环，这就是多层循环，也称为多重循环。三种循环（for、while、do-while）可以相互嵌套。

【例 49.1】 给定两个正整数 m、n（$m\leqslant 20$，$n\leqslant 20$），在屏幕上输出仅由 * 构成的 m 行 n 列的长方形。

【参考程序】

```
1  #include<iostream>
2  using namespace std;
3  int main()
4  {
5      int m,n,i,j;
6      cin>>m>>n;
7      for(i=1;i<=m;i++)              //外层循环，控制行数
8      {
9          for(j=1;j<=n;j++)          //内层循环，控制列数
10           cout<<"*";
11         cout<<endl;                //输出一行"*"后换行
12     }
13     return 0;
14 }
```

【运行结果】

```
4 5
*****
*****
*****
*****
```

【程序分析】

程序中的第 11 行，cout<<endl；是外层循环中的语句，同学们可以尝试将此条语句删除后，再重新运行程序，看看会出现什么情况？

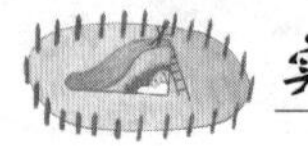

实践园

给定一个正整数 n（$n\leqslant 20$），在屏幕上输出仅由 * 构成的底为 n、高为 n 的直角三角形。

【样例输入】

```
5
```

【样例输出】

```
*
**
***
****
*****
```

第 50 课　倒 三 角 形

学会使用循环嵌套画出有规律的图形。

【例 50.1】　给定一个正整数 $n(n \leqslant 20)$，输出一个由#构成的 n 层倒三角形。如当 $n=5$ 时，输出的图形如图 50.1 所示。

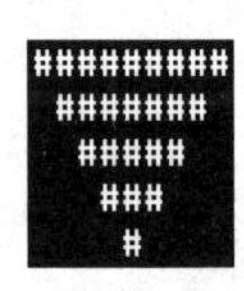

图　50.1

【参考程序】

```
1  #include<iostream>
2  using namespace std;
3  int main()
4  {
5      int i,j,k,n;
6      cout<<"请输入一个整数：";
7      cin>>n;
8      for(i=1;i<=n;i++)
9      {
10         for(j=1;j<i;j++)
11           cout<<" ";              //输出空格三角形
12         for(k=1;k<=2*(n-i)+1;k++) //#的个数与第i行的关系
13           cout<<"#";
14         cout<<endl;
15     }
16 }
```

【运行结果】

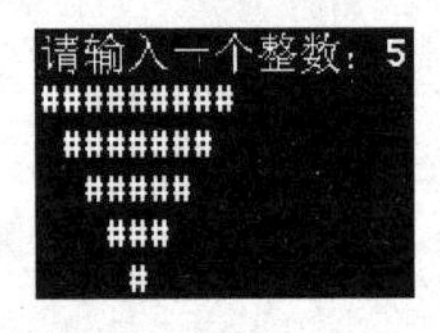

【程序分析】

算法设计：此图形可以看成两部分，左侧是一个由空格构成的三角形，右侧是一个由#构成的倒三角形。再找出右侧倒三角形每行输出#的个数与控制外层行 i 的关系：第 i 行输出 2＊(n－i)＋1 个＃。

可以将程序中的第 10、11 两行换成一条语句 cout＜＜setw(i)；来实现空格的输出，使用 setw()函数须包含头文件＃include＜iomanip＞，请自行上机验证。

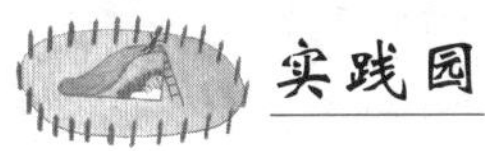

实践园

给定一个正整数 n($n\leqslant 10$)，输出一个由数字构成的 n 层三角形。如当 $n=5$ 时，输出的图形，如图 50.2 所示。

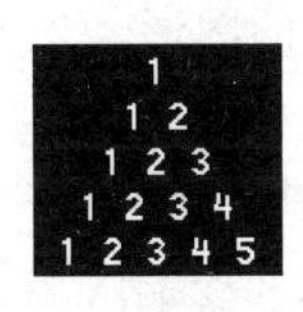

图 50.2

第51课 画 矩 形

学会使用循环嵌套画出有规律的图形。

【例 51.1】 根据参数画出矩形。

注：题目出自 http://noi.openjudge.cn 中 1.5 编程基础之循环控制/42。

输入：输入一行，包括 4 个参数：前两个参数为整数，依次代表矩形的高和宽（高不少于 3 行不多于 10 行，宽不少于 5 列不多于 10 列）；第 3 个参数是一个字符，表示用来画图的矩形符号；第 4 个参数为 1 或 0，0 代表空心，1 代表实心。

输出：输出画出的图形。

【样例输入】

```
7 7 @ 0
```

【样例输出】

```
@@@@@@@
@     @
@     @
@     @
@     @
@     @
@@@@@@@
```

【参考程序】

```
1  #include<iostream>
2  using namespace std;
3  int main()
4  {
5      int i,j, m,n,f;
6      char ch;
7      cin>>m>>n>>ch>>f;
8      if(f)                       //是if(f==1)的简写，表示实心
9        for(i=1;i<=m;i++)         //输出实心字符图形
10       {
11         for(j=1;j<=n;j++)
12           cout<<ch;
13         cout<<endl;
14       }
```

```
15      else                        //否则为空心
16        for(i=1;i<=m;i++)         //输出空心字符图形
17        {
18          for(j=1;j<=n;j++)
19            if(i==1||i==m||j==1||j==n)
20              cout<<ch;           //输出字符
21            else cout<<" ";       //否则输出空格
22          cout<<endl;
23        }
24    return 0;
25 }
```

【运行结果】

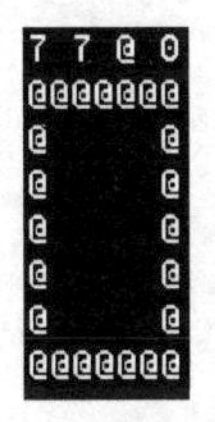

【程序分析】

从程序可以看出,该例题是一个if-else嵌套了两个循环结构的分支语句,即输出实心矩形或输出空心矩形。难点在于空心矩形的输出,仔细分析空心矩形,可以得知,只在第1行、最后1行、第1列、最后1列中输出字符,其他为空格。

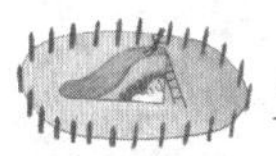

实践园

给定一个正整数$n(n<20)$,在屏幕上输出仅由*构成的菱形,如当输入4时,输出的图形如图51.1所示。

图 51.1

第 52 课 乘法口诀表

学会使用嵌套循环解决乘法口诀表问题。

【例 52.1】 编程输出乘法口诀表,如图 52.1 所示。

1×1=1								
1×2=2	2×2=4							
1×3=3	2×3=6	3×3=9						
1×4=4	2×4=8	3×4=12	4×4=16					
1×5=5	2×5=10	3×5=15	4×5=20	5×5=25				
1×6=6	2×6=12	3×6=18	4×6=24	5×6=30	6×6=36			
1×7=7	2×7=14	3×7=21	4×7=28	5×7=35	6×7=42	7×7=49		
1×8=8	2×8=16	3×8=24	4×8=32	5×8=40	6×8=48	7×8=56	8×8=64	
1×9=9	2×9=18	3×9=27	4×9=36	5×9=45	6×9=54	7×9=63	8×9=72	9×9=81

图 52.1

【参考程序】

```
1  #include<iostream>
2  #include<iomanip>
3  using namespace std;
4  int main()
5  {
6      int i,j;
7      for(i=1;i<=9;i++)
8      {
9          for(j=1;j<=i;j++)
10           cout<<j<<"*"<<i<<"="<<setw(2)<<i*j<<" ";
11         cout<<endl;
12     }
13     return 0;
14 }
```

【运行结果】

```
1×1= 1
1×2= 2 2×2= 4
1×3= 3 2×3= 6 3×3= 9
1×4= 4 2×4= 8 3×4=12 4×4=16
1×5= 5 2×5=10 3×5=15 4×5=20 5×5=25
1×6= 6 2×6=12 3×6=18 4×6=24 5×6=30 6×6=36
1×7= 7 2×7=14 3×7=21 4×7=28 5×7=35 6×7=42 7×7=49
1×8= 8 2×8=16 3×8=24 4×8=32 5×8=40 6×8=48 7×8=56 8×8=64
1×9= 9 2×9=18 3×9=27 4×9=36 5×9=45 6×9=54 7×9=63 8×9=72 9×9=81
```

【程序分析】

算法设计：双重循环输出乘法口诀表。

在程序的第 10 行中，使用了 setw()函数，须包含头文件＃include＜iomanip＞。

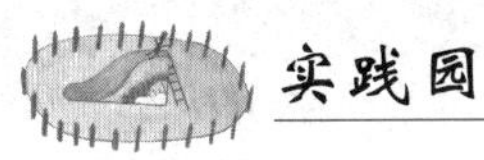

实践园

按顺序输出一组两位数，要求十位数上只能是 1～3，个位数上只能是 6～9。

第53课 鸡兔同笼

学会使用嵌套循环解决鸡兔同笼问题。

【例53.1】 我国古代名著《孙子算经》中记载："今有雉兔同笼，上有三十五头，下有九十四足，问雉兔各几何？"

意思是：笼子里有若干只鸡和兔。从上面数，有35个头，从下面数，有94只脚。鸡和兔各有几只？

算法1：

【参考程序1】

```
1  #include<iostream>
2  using namespace std;
3  int main()
4  {
5      int x,y;                  //x存储鸡的数量，y存储兔的数量
6      for(x=1;x<=35;x++)        //枚举出鸡的范围
7      for(y=1;y<=23;y++)        //枚举出兔的范围
8        if(x+y==35&&2*x+4*y==94)
9          cout<<"鸡："<<x<<endl<<"兔："<<y;
10     return 0;
11 }
```

【运行结果】

```
鸡：23
兔：12
```

【程序分析】

算法设计：可采用枚举算法解决问题，假设全是鸡，那么应该有脚2×35=70(只)。实际却有94只脚，因此至少有一只兔子；假设全是兔，那么应有头94÷4=23……2只，实际却有35只头，因此至少有一只鸡。可以确定鸡的取值范围为1～35；兔的取值范围为1～23。

算法2：

【参考程序2】

```
1  #include<iostream>
2  using namespace std;
3  int main()
```

```
4 {
5     int head,feet,x,y;
6     head=35;
7     feet=94;
8     x=2*head-feet/2;                    //求鸡的只数
9     y=feet/2-head;                      //求兔的只数
10    cout<<"鸡："<<x<<endl<<"兔："<<y;
11    return 0;
12 }
```

【运行结果】

```
鸡：23
兔：12
```

【程序分析】

根据题意，可得到方程组：

$$\begin{cases} x + y = \text{head} \\ 2x + 4y = \text{feet} \end{cases}$$

解方程组得：

$$\begin{cases} x = 2 * \text{head} - \text{feet}/2 \\ y = \text{feet}/2 - \text{head} \end{cases}$$

同时，满足上述两个方程的 x、y 值就是所求解，根据这样的思路编写程序求解。两种算法你更喜欢哪一种呢？

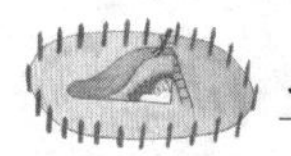

实践园

求阶乘的和。给定正整数 n，求不大于 n 的正整数的阶乘的和，即求 $1!+2!+3!+\cdots+n!$，其中 $n!=1*2*3*\cdots*n$。

注：题目出自 http://noi.openjudge.cn 中 1.5 编程基础之循环控制/34。

输入：输入有一行，包含一个正整数 $n(1<n<12)$。

输出：输出有一行，为阶乘的和。

【样例输入】

```
5
```

【样例输出】

```
153
```

第 54 课　百钱买百鸡

学会使用嵌套循环解决百钱买百鸡问题。

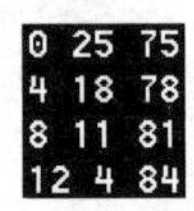

【例 54.1】 我国古代数学家张丘建在《孙子算经》中曾提出过著名的“百钱买百鸡”问题，该问题叙述如下：鸡翁一，值钱五；鸡母一，值钱三；鸡雏三，值钱一；百钱买百鸡，则翁、母、雏各几何？

意思是：一只公鸡五元钱，一只母鸡三元钱，三只小鸡一元钱，现在要用一百元钱买一百只鸡，问公鸡、母鸡、小鸡各多少只？

算法 1：

【参考程序 1】

```
1  #include<iostream>
2  using namespace std;
3  int main()
4  {
5      int x,y,z;
6      for(x=0;x<=100/5;x++)          //列举公鸡的所有可能
7        for(y=0;y<=100/3;y++)        //列举母鸡的所有可能
8          for(z=0;z<=100;z++)        //列举小鸡的所有可能
9            if(5*x+3*y+z/3==100&&z%3==0&&x+y+z==100)
10             cout<<x<<" "<<y<<" "<<z<<endl;
11     return 0;
12 }
```

【运行结果】

```
0 25 75
4 18 78
8 11 81
12 4 84
```

【程序分析】

根据题意，可列出一个方程组：

$$\begin{cases} x+y+z=100 \\ 5x+3y+z/3=100 \end{cases}$$

同时满足上述两个方程的 x、y、z 值就是所求解。根据这样的思路，采用枚举法，列出 x、y、z 的所有可能解，然后判断是否能使方程组成立，如果成立，就是问题的解。

程序第 9 行表达式中的 &&z%3==0 有什么作用呢？将其删除后，再运行程序，会出现什么情况？请同学们试一试。

该例题使用一个三层循环的程序解决问题。共循环了 72114 次。即

$$(1+100/5)\times(1+100/3)\times(1+100)=72114$$

而问题的解远远小于这个数字——只有 4 组解。显然该算法并不简便,那么如何减少循环次数,提高效率呢?

算法 2:

【参考程序 2】

```
1  #include<iostream>
2  using namespace std;
3  int main()
4  {
5      int x,y,z;
6      for(x=0;x<=100/5;x++)         //列举公鸡的所有可能
7        for(y=0;y<=100/3;y++)       //列举母鸡的所有可能
8        {
9          z=100-x-y;                //x,y确定后,z也随即确定
10         if(5*x+3*y+z/3==100&&z%3==0)
11           cout<<x<<" "<<y<<" "<<z<<endl;
12       }
13     return 0;
14 }
```

【运行结果】

【程序分析】

根据题意,可知公鸡有 x 只、母鸡有 y 只、小鸡有 z 只,只要确定其中任意两个,第三个便随即确定。该算法共循环了 714 次,即$(1+100/5)\times(1+100/3)=714$。相对"算法 1"而言,循环次数已经大大减少,程序效率显著提高。

除了上述两种算法,你还能想出可以提高程序效率的算法吗?

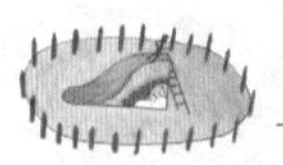

实践园

请用循环嵌套求水仙花数。水仙花数是一类特殊的三位数,它们每一个数位上的数字的立方和恰好等于这个三位数本身,如 $153=1^3+5^3+3^3$,153 就是一个水仙花数。

C++ 第 55 课 分解质因数

学会使用嵌套循环解决分解质因数问题。

【例 55.1】 把一个合数分解成若干个质因数乘积的形式叫作分解质因数。分解质因数又称为分解素因数,只针对合数。输入一个正整数 n,将 n 分解成质因数乘积的形式。

【样例输入】

```
36
```

【样例输出】

```
36 = 2 * 2 * 3 * 3
```

【参考程序】

```
1  #include<iostream>
2  using namespace std;
3  int main()
4  {
5      int n,i=2;
6      cin>>n;
7      cout<<n<<"=";
8      do
9      {
10         while(n%i==0)     //n能被i整除, 就重复做除法操作
11         {
12             cout<<i;
13             n/=i;
14             if(n!=1) cout<<"*";
15         }
16         i++;
17     }while(n!=1);         //n没有除尽, 就重复操作
18     return 0;
19 }
```

【运行结果】

```
36
36=2*2*3*3
```

【程序分析】

根据题意,可知将任意合数 n 分解为质因数的乘积,要从最小的质数开始,即从 2 开始

试除,如果能整除就输出 2,再对商继续试除,直到不再含有因子 2;然后用下一个质数试除……一直到商为 1,就停止操作。

构造两层循环:外层循环用于实现质因数的递增,内层循环用于实现质因数的反复试除。

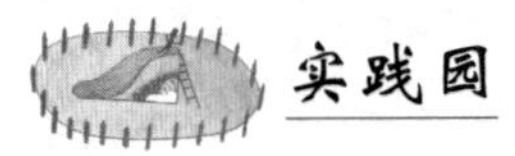

实践园

两个乒乓球队进行比赛,各出 3 人。甲队为 A、B、C 三人,乙队为 X、Y、Z 三人。乙抽签决定比赛名单。有人向队员打听比赛的名单,A 说他不和 X 比,C 说他不和 X、Z 比,请编写程序找出 3 对比赛选手的名单。

第 56 课　寻找完美数

学会使用嵌套循环解决寻找完美数问题。

【例 56.1】　一个正整数如果恰好等于它的所有真因数之和(真因数是指包括 1,但不包括这个数本身的全部因数),这个数被称为完美数,也称为完全数或完备数。如 6 的真因数有 1、2、3,而 6＝1＋2＋3；28 的真因数有 1、2、4、7、14,而 28＝1＋2＋4＋7＋14。因此 6 和 28 都是完美数。输入两个正整数 m、n,求出 m 到 n 之间的所有完美数。

【样例输入】

```
4 30
```

【样例输出】

```
6 28
```

【参考程序】

```
#include<iostream>
using namespace std;
int main()
{
    int m,n;
    cin>>m>>n;
    for(int i=m;i<=n;i++)
    {
        int s=0;
        for(int j=1;j<i;j++)
          if(i%j==0) s+=j;          //求i的所有因子之和
        if(s==i)
          cout<<i<<" ";
    }
    return 0;
}
```

【运行结果】

【程序分析】

程序中的第 9 行，每判断一个数 i 后，都需要将 s 清零，以便计算第 i+1 个数的所有因子之和。在第 12 行中，判断 i 的因子之和 s 是否与当前数 i 相等，如果相同，那么就是完美数，则输出该数。

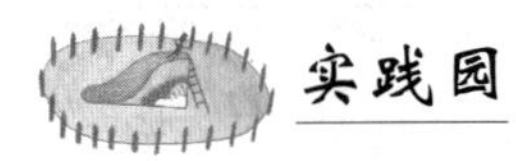

实践园

输出 100～200 中所有的质数。

第 57 课　金币问题

(1) 学会使用嵌套循环解决金币问题。

(2) 学会在嵌套循环中利用中断语句(return 0;)提前结束程序。

【例 57.1】 金币。国王将金币作为工资发放给忠诚的骑士。第 1 天，骑士收到 1 枚金币；之后 2 天(第 2 天和第 3 天)里，每天收到 3 枚金币；之后 3 天(第 4、5、6 天)里，每天收到 3 枚金币；之后 4 天(第 7、8、9、10 天)里，每天收到 4 枚金币……这种工资发放模式会一直这样延续下去：当连续 N 天，每天收到 N 枚金币后，骑士会在之后的连续 $N+1$ 天里，每天收到 $N+1$ 枚金币(N 为任意正整数)。

请编写一个程序，确定从第一天开始的给定天数内，骑士一共获得了多少金币。

注：题目出自 http://noi.openjudge.cn 中 1.5 编程基础之循环控制/45。

输入：一个整数(范围 1～10000)，表示天数。

输出：骑士获得的金币数。

【样例输入】

```
6
```

【样例输出】

```
14
```

【参考程序】

```
1  #include<iostream>
2  using namespace std;
3  int main()
4  {
5      int n,s=0,t=0;
6      cin>>n;
7      for(int i=1;i<=10000;i++)
8      for(int j=1;j<=i;j++)    //连续j天，每天能得到i个金币
9      {
10         s+=i;                //累加总金币数
11         t++;                 //目前天数
12         if(t==n)
13           {                  //当到第n天时，所得总金币数
14           cout<<s;
15           return 0;          //退出当前主函数，即结束程序
16           }
17     }
18     return 0;
19 }
```

【运行结果】

【程序分析】

程序中的第 15 行使用了 return 0 提前结束程序，return 0 的作用是退出当前函数，而当前函数是主函数，所以直接结束程序。除了 return 0，在第 58 课我们还将学习另外两个中断语句：break 语句和 continue 语句。

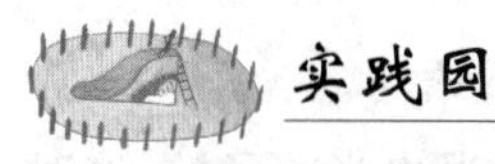

实践园

求出 e 的值。利用公式 $e=1+\frac{1}{1}!+\frac{1}{2}!+\frac{1}{3}!+\cdots+\frac{1}{n}!$，$e$。

注：题目出自 http://noi.openjudge.cn 中 1.5 编程基础之循环控制/35。

输入：输入只有一行，该行包含一个整数 $n(2\leqslant n\leqslant 15)$，表示计算 e 时累加到 $1/n!$。

输出：输出只有一行，该行包含计算出来的 e 的值，要求打印小数点后 10 位。

【样例输入】

```
10
```

【样例输出】

```
2.7182818011
```

提示

(1) e 以及 $n!$ 用 double 表示。

(2) 要输出浮点数、双精度数小数点后 10 位数字，可以用下面这种形式：

```
printf("%.10f",num);
```

第 58 课　中断语句

学会部分中断语句的使用：break 语句、continue 语句和 return 语句。

在循环结构程序中，有时需要提前终止循环，或跳过特定的语句，或退出当前函数，这时可以用 break 语句、continue 语句或 return 语句来实现。

1. break 语句的一般格式

```
break;
```

【说明】 在第 32 课 switch 语句中，我们学过使用 break 语句跳出 switch 结构。同样地，break 语句也可以用于循环结构中，作用是跳出循环。即在循环体中遇到 break 语句，就会立刻跳出循环结构，执行该循环结构的后续语句。

2. continue 语句的一般格式

```
continue;
```

【说明】 作用是结束本次循环。即在循环体中遇到 continue 语句，就会跳过循环体中尚未执行的语句，直接执行下一次循环操作。

continue 语句和 break 语句的区别如下。

continue 语句只结束本次循环，而不是终止整个循环的执行；break 语句则是结束整个循环过程，不再判断执行循环的条件是否成立。

3. return 语句

return 语句的作用是退出当前函数(第 38 课“质数与合数”和第 57 课“金币问题”中均有使用与介绍，在此不再赘述)。

【例 58.1】 计算 $1+2+3+\cdots+n>1000$，求出 n 的最小值和 n 为最小值时算式的结果。

【参考程序】

```
1  #include<iostream>
2  using namespace std;
3  int main()
4  {
5      int n=1,sum=0;
```

```
6       while(1)
7       {
8           sum+=n;
9           if(sum>=1000) break;
10          n++;
11      }
12      cout<<n<<" "<<sum;
13      return 0;
14  }
```

【运行结果】

```
45 1035
```

【程序分析】

在程序的第9行中，sum一旦大于等于1000，便会立刻跳出while循环，执行while循环的后续语句。

【例 58.2】 计算100以内不是7的倍数的整数之和。

【参考程序】

```
1  #include<iostream>
2  using namespace std;
3  int main()
4  {
5      int sum=0,i;
6      for(i=1;i<=100;i++)
7      {
8          if(i%7==0) continue; //当i是7的倍数，结束本次循环
9          sum+=i;
10     }
11     cout<<sum;
12     return 0;
13 }
```

【运行结果】

```
4315
```

【程序分析】

在程序的第8行中，当i是7的倍数，结束本次循环，即跳过后续语句sum+=i；进行下一轮循环。

实践园

说说break语句、continue语句和return语句的区别。

C++ 第59课 韩信点兵

学会使用return语句解决韩信点兵问题。

【例59.1】 相传韩信才智过人，从不直接清点自己军队的人数，只要让士兵先后以三人一排、五人一排、七人一排的变换队形，并观察最后一排剩余的人数就知道总人数了。

输入：输入3个非负整数 a、b、c，表示每种队形多出来的人数（$a<3, b<5, c<7$）。

输出：输出总人数的最小值（或报告无解，即输出No answer）。已知总人数不小于10，不超过100。

【样例输入1】

```
2 1 6
```

【样例输出1】

```
41
```

【样例输入2】

```
2 1 3
```

【样例输出2】

```
No answer
```

【参考程序】

```
1  #include<iostream>
2  using namespace std;
3  int main()
4  {
5      int a,b,c,i;
6      cin>>a>>b>>c;
7      for(i=10;i<=100;i++)
8      {
9          if(i%3==a&&i%5==b&&i%7==c)
10         {
11             cout<<i;
12             return 0;
13         }
14     }
15     cout<<"No answer"<<endl;
16     return 0;
17 }
```

【运行结果1】

【运行结果 2】

```
2 1 3
No answer
```

【程序分析】

算法设计：该例题采用了枚举算法，让 i 从 10～100 进行条件排除。当满足每种队形多出来的人数分别为 a、b、c 时，输出 i，并使用 return 语句提前结束程序。

实践园

(1) 最大公因数。输入两个正整数 x 和 y，输出它们的最大公因数。

【样例输入】

```
8 12
```

【样例输出】

```
4
```

(2) 最小公倍数。输入两个正整数 x 和 y，输出它们的最小公倍数。

【样例输入】

```
8 12
```

【样例输出】

```
24
```

(3) 质数的判定。输入一个正整数，判断其是否为质数。如果是，则输出“质数”；否则，输出“合数”。

【样例输入】

```
13
```

【样例输出】

```
质数
```

第 60 课　统计质数

学会灵活使用 break 语句和 continue 语句优化程序。

【例 60.1】 质数的统计。输入两个整数 m 和 n，判断 m 和 n 之间（含 m 和 n）一共有多少个质数。

【样例输入】

```
5 10
```

【样例输出】

```
2
```

【参考程序】

```
1  #include<iostream>
2  using namespace std;
3  int main()
4  {
5   int m,n,i,j,ans=0;
6   cin>>m>>n;
7   for(i=m;i<=n;i++)
8   {
9      if(i==1)
10       continue;              //当i为1时，结束本次循环，忽略后续语句
11     for(j=2;j<i;j++)
12       if(i%j==0) break;    //出现整除，跳出当前for语句
13     if(j<i) continue;
14       else ans++;
15  }
16  cout<<ans;
17 return 0;
18 }
```

【运行结果】

【程序分析】

在程序的第 13 行中，当 j<i 时，表示还没有试除到第 i−1 个数，就已经提前退出了 for 循环，即出现了整除的情况，由此可以判断 i 是合数。

与 7 无关的数。如果一个正整数能被 7 整除，或者它的某一位上的数字为 7，则称其为"与 7 相关"的数。请编程求出所有小于或等于 n 的"与 7 无关"的正整数个数。

【样例输入】

```
21
```

【样例输出】

```
17
```

Chapter 7

第7章

一维数组

在程序设计过程中，我们常常会遇到需要处理大量数据的情况。依靠前面所学的知识虽然能解决此类问题，但是程序会变得极其烦琐。例如，要求出一个班 50 名学生的语文成绩分别是多少。如果设 50 个变量存放每名学生的语文成绩，那么程序代码将会变得冗长烦琐，编程效率也会很低。使用数组就可以更好地解决这个问题。

数组的类型有一维数组、二维数组、三维数组和字符数组等。本章将介绍一维数组的使用方法。

第 61 课　数组的概念

(1) 理解数组的含义。

(2) 掌握一维数组的定义以及引用。

同类型变量或对象的集合称为数组。

1. 一维数组的定义

定义一维数组的一般格式如下：

```
类型名 数组名[常量表达式];
```

【说明】

(1) 数组名的命名规则和变量名的命名规则相同。

(2) 在定义数组时，需要指定数组中元素的个数，方括号中的常量表达式用来表示元素的个数，即数组长度。

(3) 常量表达式中可以包括常量和符号常量，不能包含变量。

例如：

```
int a[10];    //表示数组名为 a,共有 10 个元素,均为整型
```

注意： 数组元素的下标是从 0 开始的，即数组 a 的 10 个元素分别是 a[0]～a[9]，如表 61.1 所示。

表　61.1

a[0]	a[1]	a[2]	a[3]	a[4]	a[5]	a[6]	a[7]	a[8]	a[9]

【例 61.1】　下列数组的定义合法的是(　　)。

(A) inta[101];

(B) inta[2 * 50];

(C) const N=10; int a[N * 5];

(D) int n=101; int a[n];

【正确答案】

(A)(B)(C)

【例题分析】

(D)选项为非法定义,因为在定义数组时,常量表达式中不能包含变量。

2. 一维数组的引用

数组必须先定义,后使用。只能逐个引用数组元素的值,不能一次引用整个数组中全部元素的值。

一维数组元素的引用格式如下:

```
数组名[下标];
```

例如:

```
a[9];   //表示数组 a 的第 10 个元素
a[i];   //表示数组 a 中的第 i + 1 个元素
```

注意:此处的数组 a 已经在之前定义过。现在是直接引用数组 a 的第 i+1 个元素,确保 i 是在数组 a 的元素个数范围内。

【例 61.2】 定义一个整型数组 a,把 0～9 共 10 个整数依次赋给 a[0]～a[9],并按倒序输出。

【参考程序】

```
1  #include<iostream>
2  using namespace std;
3  int main()
4  {
5      int i,a[10];
6      for(i=0;i<=9;i++)
7        a[i]=i;              //利用循环给数组a赋值
8      for(i=9;i>=0;i--)
9        cout<<a[i]<<" ";  //按a[9]、a[8]、…、a[0],倒序输出
10     return 0;
11 }
```

【运行结果】

```
9 8 7 6 5 4 3 2 1 0
```

【程序分析】

程序中的第 6 行使用了循环语句实现给数组 a 中的元素逐个赋值。第 8、9 行利用循环语句,逐个倒序输出数组 a 的元素。

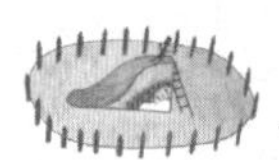

实践园

用数组处理斐波那契数列问题。求斐波那契(Fibonacci)数列中的前 20 个数。斐波那契数列的特点如下:第 1 个数和第 2 个数均为 1,从第 3 个数开始,该数是其前面两个数之和。(要求每行输出 4 个数据,每个数据输出时占 8 个字符宽度。)

第 62 课　数组初始化

(1) 掌握多种一维数组的初始化方法。

(2) 学会 sizeof()函数、memset()函数和 fill()函数的使用。

(3) 理解数组越界。

1. 一维数组的初始化

(1) 在定义数组时可以给全部数组元素赋初值。

例如：

```
int a[10] = {0,1,2,3,4,5,6,7,8,9};
```

(2) 可以只给一部分元素赋值。

例如：

```
int a[10] = {0,1,2,3,4};    //后面五个元素值默认为 0
```

(3) 对全部元素赋初值时，可以不指定数组长度，默认长度为初值的元素个数。

例如：

```
int a[5] = {1,2,3,4,5};    //可以写成 int a [] = {1,2,3,4,5};
```

(4) 还可以逐个给数组元素赋值。

例如：

```
int a[3]; a[0] = 1; a[1] = 2; a[2] = 3;
```

(5) 利用循环语句赋值。

例如：例 61.2 程序中的第 6、7 行。

2. 数组"整体"赋值

C++中还提供了两个函数，它们可以给数组"整体"赋值。

(1) memset()函数

memset()函数是给数组"按字节"进行赋值，一般用在 char 型数组中，如果是 int 类型的数组，一般赋值为 0 和－1。使用该函数前须包含头文件＃include＜cstring＞。

例如：

```
memset(a,0,sizeof(a));    //将 a 数组所有元素均赋值为 0
```

（2）fill()函数

fill()函数是给数组“按元素”进行赋值，可以是整个数组，也可以是部分连续元素，可以赋任何值。使用该函数前须包含头文件＃include＜algorithm＞。

例如：

```
fill(a,a+10,5);   //将数组 a 的前 10 个元素(a[0]～a[9])赋值为 5
```

【例 62.1】 输入年、月、日，输出该天是这一年的第几天。

提示：需考虑闰年、平年。

【样例输入】

```
2020 3 25
```

【样例输出】

```
85
```

【参考程序】

```
1  #include<iostream>
2  using namespace std;
3  int main()
4  {
5      int a[13]={0,31,28,31,30,31,30,31,31,30,31,30,31};
6                                   //初始化数组a
7      int year,mon,date,sum=0;
8      cin>>year>>mon>>date;
9      for(int i=1;i<mon;i++)
10       sum+=a[i];                //求月份mon之前天数之和
11     sum+=date;                  //加上天数date
12     if(year%4==0&&year%100!=0||year%400==0)
13                                 //判断是否闰年
14       if(mon>2) sum++;          //闰年2月份之后sum加上一天
15     cout<<sum;
16     return 0;
17 }
```

【运行结果】

```
2020 3 25
85
```

【程序分析】

算法设计步骤如下。

（1）设数组 a 用于存放每个月的天数。

（2）设 year、mon、date 分别表示年、月、日，sum 表示求得的第几天，那么 sum 的值就是月份 mon 之前天数之和再加上 date。

程序中的第 5 行，数组 a 用于存放每个月的具体天数，那为什么数组 a 中多了一个 0 呢？

这里需要介绍一下数组中一个重要的问题——数组越界。

在使用数组时，要注意：

(1) 数组元素的下标值为正整数。

(2) 在定义元素个数的下标范围内使用。

在程序中把下标写成负数或大于数组元素的个数时，编译器并不会报错，但运行结果可能会出错。所以在使用时，应尽量注意并避免此问题的发生。

在该例题中，如果程序第5行定义的是数组a[12]，然后直接使用a[12]存放第12月的天数，便会造成数组越界。像这样访问的数组元素并不在数组的存储空间内，这种现象就叫作数组越界。为了便于理解，将月份与数组下标一一对应(即a[1]存放第1个月的天数，以此类推)，那就需要至少定义一个含有13个元素个数的数组，这样就可以合法引用a[12]。在该例题的初始化中，需要注意将a[0]赋值为0，否则会默认为第1个数据被赋给了a[0]。

【例62.2】 将数组中第一个元素移到数组末尾，其余数据依次往前移动一个位置。

【样例输入】

```
1 2 3 4 5 6 7 8 9 10
```

【样例输出】

```
2 3 4 5 6 7 8 9 10 1
```

【参考程序】

```
1  #include<iostream>
2  using namespace std;
3  int main()
4  {
5      int i,a[11];
6      for(i=1;i<=10;i++)                    //循环语句初始化
7        cin>>a[i];
8      for(i=1;i<=10;i++)
9        a[i-1]=a[i];                       //往前平移一个位置
10     a[10]=a[0];                          //将第1个数赋值给a[10]
11     for(i=1;i<=10;i++)                   //输出平移后的数组元素
12       cout<<a[i]<<" ";
13     return 0;
14 }
```

【运行结果】

```
1 2 3 4 5 6 7 8 9 10
2 3 4 5 6 7 8 9 10 1
```

【程序分析】

算法设计步骤如下。

(1) 初始化时将数据从a[1]开始存放，a[0]作为在平移过程中的临时中转变量。

(2) 通过a[1]→a[0]，a[2]→a[1]，a[3]→a[2]…a[10]→a[9]，实现其余元素前移。

(3) 将第一个数放置a[10]中，即a[0]→a[10]。

【例 62.3】 阅读程序，体会 memset()函数和 fill()函数。

【参考程序】

```
#include<iostream>
#include<cstring>              //使用memset()函数，须调用cstring
#include<algorithm>            //使用fill()函数，须调用algorithm
using namespace std;
int main()
{   char a[11];
    int b[11]={0},c[11]={0},i;
    memset(a,'#',sizeof(a));           //字符数组a初始化为#
    memset(b,0,sizeof(b));             //数组b初始化为0
    fill(c+2,c+6,5);                   //数组c部分初始化为5
    for(i=1;i<=10;i++)
      cout<<a[i];                      //输出数组a的元素
    cout<<endl;
    for(i=1;i<=10;i++)
      cout<<b[i];                     //输出数组b的元素
    cout<<endl;
    for(i=1;i<=10;i++)
      cout<<c[i];                     //输出数组c的元素
    return 0;
}
```

【运行结果】

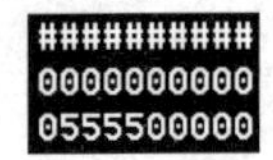

```
##########
0000000000
0555500000
```

【程序分析】

sizeof()函数是返回一个对象或者类型所占的内存字节数。在此例题的 memset()函数中的 sizeof(a)表示数组 a 的长度(即字节数为 11)。

例如：

```
int x; cout << sizeof(x);
```

因为 x 是整型，整型数据占 4 个字节数，所以结果为 4。

程序中的第 10 行，fill()函数的赋值是半开区间(前闭后开)，即为数组 c 的第 2 个元素到第 5 个元素赋值。

实践园

输入 n 个整数，存放在数组 a[1]至 a[5]中，输出最大值所在位置。

【样例输入】

```
5
47 25 80 61 39
```

【样例输出】

```
3
```

第63课　开关灯问题

学会使用一维数组解决开关灯问题。

【例 63.1】 开关灯。假设有 N 盏灯(N 为不大于 5000 的正整数),从 1 到 N 按顺序依次编号,灯初始时全部处于开启状态;有 M 个人(M 为不大于 N 的正整数)也从 1 到 M 依次编号。

第一个人(1 号)将灯全部关闭,第二个人(2 号)将编号为 2 的倍数的灯打开,第三个人(3 号)将编号为 3 的倍数的灯做相反处理(即将打开的灯关闭,将关闭的灯打开)。依照编号递增顺序,以后的人都和 3 号一样,将凡是自己编号倍数的灯做相反处理。

请问:当第 M 个人操作之后,哪几盏灯是关闭的,按从小到大输出其编号,用空格间隔。

注:题目改编于 http://noi.openjudge.cn 中 1.5 编程基础之循环控制/31,只对原题的输出做了简单修改,原题见实践园。

输入:输入正整数 N 和 M,以单个空格隔开。

输出:顺次输出关闭的灯的编号,用空格间隔。

【样例输入】

```
10 10
```

【样例输出】

```
1 4 9
```

【参考程序】

```
#include<iostream>
#include<cstring>                //使用memset()函数须调用cstring
using namespace std;
int a[5001];                     //全局变量
int main()
{
    int n,m;
    cin>>n>>m;
    memset(a,0,sizeof(a));//初始化置0, 0表示开启状态
    for(int i=1;i<=m;i++)
      for(int j=1;j<=n;j++)
        if(j%i==0)
          a[j]=!a[j];      //i的倍数的灯做相反处理
    for(int i=1;i<=n;i++)
      if(a[i])             //1表示关闭状态
        cout<<i<<" ";
    return 0;
}
```

【运行结果】

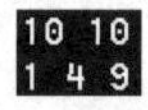

```
10 10
1 4 9
```

【程序分析】

程序中的第4行，数组a被定义在主函数的外部，像这样在函数外部定义的变量，称为全局变量。当需要定义一个大数组，最好在函数的外部进行定义，否则(如果在函数内部定义一个大数组)会造成栈溢出，导致程序异常退出。

实践园

开关灯。假设有 N 盏灯(N 为不大于5000的正整数)，从1到 N 按顺序依次编号，初始时全部处于开启状态；有 M 个人(M 为不大于 N 的正整数)也从1到 M 依次编号。

第一个人(1号)将灯全部关闭，第二个人(2号)将编号为2的倍数的灯打开，第三个人(3号)将编号为3的倍数的灯做相反处理(即将打开的灯关闭，将关闭的灯打开)。依照编号递增顺序，将凡是自己编号倍数的灯做相反处理。

请问：当第 M 个人操作之后，哪几盏灯是关闭的，按从小到大输出其编号，其间用逗号间隔。

注：题目出自 http://noi.openjudge.cn 中1.5编程基础之循环控制/31。

输入：输入正整数 N 和 M，以空格隔开。

输出：顺次输出关闭的灯的编号，其间用逗号间隔。

【样例输入】

```
10 10
```

【样例输出】

```
1,4,9
```

第64课　约瑟夫问题

导学牌

学会使用一维数组解决约瑟夫问题。

【例 64.1】　有 m 个人,其编号分别为 1 到 m。按顺序围成一个圈,现在给定一个数 n,从第一个开始依次报数,报到 n 的人出圈,然后再从下一个人开始,继续从 1 开始依次报数,报到 n 的人再出圈……如此循环,直到最后一个人出圈为止。编程输出所有人出圈的顺序。

输入:输入两个正整数 m 和 n,m 代表人数,n 代表从 $1\sim n$ 报数。

输出:所有人依次出圈的顺序。

【样例输入】

```
8 5
```

【样例输出】

```
5
2
8
7
1
4
6
3
```

【参考程序】

```
1  #include<iostream>
2  using namespace std;
3  bool a[101];
4  int main()
5  {
6      int m,n,i,j,t;
7      cin>>m>>n;
8      for(i=0;i<100;i++) a[i]=true;//所有人都在圈中
9      t=m;                      //计数器记录圈中剩余的人，初始化为m
10     i=0;
11     j=0;                                  //计数器
12     while(t>0)
13     {   i++;                             //从第一个人开始报数
```

```
14          if(i==m+1) i=1;          //模拟环状，实现转圈效果
15          if(a[i]){
16              j++;                 //第i个位置上有人报数
17              if(j==n)             //当前报的数是n
18              {   cout<<i<<endl;
19                  a[i]=false;      //出圈
20                  j=0;             //计数器清零
21                  t--;}
22          }
23      }
24      return 0;
25  }
```

【运行结果】

【程序分析】

算法设计：由于每个人只有出圈和未出圈两种状态，因此可以定义一个布尔型数组存储每个人的状态。在该例题中 false 表示出圈，true 表示未出圈，初始状态为 true，即所有人都在圈内。

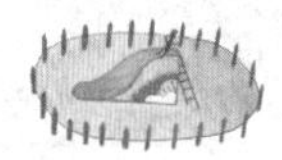

实践园

从键盘输入 5 个 0～9 的数，然后输出 0～9 中没有出现过的数。如输入 2 5 2 1 8，则输出 0 3 4 6 7 9。

第 65 课　筛法求质数

学会使用筛法求质数。

【例 65.1】 用筛法求出 100 以内的全部质数,并按每行五个数显示。

【参考程序】

```
 1 #include<iostream>
 2 #include<cmath>
 3 #include<iomanip>
 4 using namespace std;
 5 bool a[101];
 6 int main()
 7 {
 8     for(int i=1;i<=100;i++) a[i]=true;   //将数组a初始化置1
 9     a[1]=false;
10     for(int i=2;i<=sqrt(100);i++)
11       if(a[i])
12         for(int j=2;j<=100/i;j++)
13           a[i*j]=false;                  //将i的倍数置假
14     int t=0;
15      for(int i=2;i<=100;i++)
16        if(a[i])
17          {   cout<<setw(5)<<i;
18              t++;
19              if(t%5==0) cout<<endl;}    //按每行五个数输出
20     return 0;
21 }
```

【运行结果】

```
    2    3    5    7   11
   13   17   19   23   29
   31   37   41   43   47
   53   59   61   67   71
   73   79   83   89   97
```

【程序分析】

算法设计步骤如下。

(1) 把 2 到 100 的自然数放入 a[2]到 a[100]中(所有放入的数与下标号相同)。

(2) 在数组元素中,以下标为序,按顺序找到未曾找过的最小质数 minp 和它的位置 p(即下标号)。

(3) 从 p+1 开始,把凡是能被 minp 整除的各元素值从 a 数组中划去,也就是给该元素值置 0。

(4) 让 p=p+1,重复步骤(2)、(3),直到 minp>floor(sqrt(n))为止。

(5) 打印输出 a 数组中留下来、未筛掉的各元素值,并按每行五个数显示。

用筛法求质数的过程示意如下(用下画线作为删去标志)。

2 3 4 5 6 7 8 9 10 11 12 13 14 15…98 99 100　(置数)

2 3 4 5 6 7 8 9 10 11 12 13 14 15…98 99 100　(筛去被 2 整除的数)

2 3 4 5 6 7 8 9 10 11 12 13 14 15…98 99 100　(筛去被 3 整除的数)

…

2 3 4 5 6 7 8 9 10 11 12 13 14 15…98 99 100　(筛去被 i 整除的数(i 为 10 以内的质数))

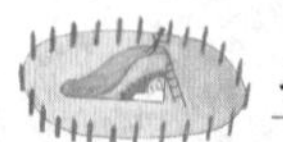

实践园

计算书费。

注:题目出自 http://noi.openjudge.cn 中 1.6 编程基础之一维数组/03。

表 65.1 所示为一些图书的名称及单价。给定每种图书购买的数量,编程计算应付的总费用。

表　65.1

图书名称及单价	图书名称及单价
1. 计算概论 28.9 元/本	6. 计算机体系结构 86.2 元/本
2. 数据结构与算法 32.7 元/本	7. 编译原理 27.8 元/本
3. 数字逻辑 45.6 元/本	8. 操作系统 43 元/本
4. C++程序设计教程 78 元/本	9. 计算机网络 56 元/本
5. 人工智能 35 元/本	10. JAVA 程序设计 65 元/本

输入:输入一行,包含 10 个整数(大于等于 0,小于等于 100),分别表示购买以上书籍的数量(以本为单位)。每两个整数用一个空格隔开。

输出:输出一行,包含一个浮点数 f,表示应付的总费用。精确到小数点后 1 位。

【样例输入】

```
1 5 8 10 5 1 1 2 3 4
```

【样例输出】

```
2140.2
```

第 66 课　冒泡排序法

(1) 理解排序的含义。

(2) 掌握冒泡排序法。

(3) 掌握 swap()函数的使用方法。

所谓排序就是将输入的数字按照从小到大(或者从大到小)的顺序进行排列。排序算法的种类较多,本书选取了三种经典排序算法,分别是冒泡排序算法、插入排序算法、选择排序算法,将在本课以及第 67 课、第 68 课一一进行介绍。

冒泡排序算法就是重复“比较相邻两个数值的大小,再根据结果决定是否需要交换两个数值”这一操作的算法,直到全部待排序的数据排列完毕。在这个过程中,数字会像泡泡一样,慢慢“冒”到序列的一端,所以被称为“冒泡排序”。

排序过程如下。

初始顺序:8 2 7 5 4 9 6 3　　(将按从小到大的顺序排列)
第 1 趟:2 7 5 4 8 6 3【9】　　(第 1 趟排序后,最大数 9 冒到序列最右端)
第 2 趟:2 5 4 7 6 3【8 9】　　(第 2 趟排序后,最大数 8 冒到序列最右端)
第 3 趟:2 4 5 6 3【7 8 9】　　(第 3 趟排序后,最大数 7 冒到序列最右端)
第 4 趟:2 4 5 3【6 7 8 9】　　(第 4 趟排序后,最大数 6 冒到序列最右端)
第 5 趟:2 4 3【5 6 7 8 9】　　(第 5 趟排序后,最大数 5 冒到序列最右端)
第 6 趟:2 3【4 5 6 7 8 9】　　(第 6 趟排序后,最大数 4 冒到序列最右端)
第 7 趟:2【3 4 5 6 7 8 9】　　(第 7 趟排序后,最大数 3 冒到序列最右端)

排序完成。

在冒泡排序中(以上述 8 个待排序列为例),第 1 趟需要比较 7 次,第 2 趟需要比较 6 次,第 3 趟需要比较 5 次……第 7 趟需要比较 1 次。因此,总的排序次数为 $7+6+5+4+3+2+1$。换句话说,当 n 个待排数据使用冒泡排序法进行排序的次数为 $(n-1)+(n-2)+(n-3)+\cdots+1\approx n^2/2$。这时比较次数恒定为该数值,和输入数据的排列顺序无关。因此,认为(去掉常系数)冒泡排序的时间复杂度为 $O(n^2)$。

【例 66.1】　用冒泡排序法对一组数据由小到大进行排序。

【样例输入】

```
8
8 2 7 5 4 9 6 3
```

【样例输出】

2 3 4 5 6 7 8 9

【参考程序 1】

```
1  #include<iostream>
2  using namespace std;
3  int a[10001];
4  int main()
5  {
6      int n,i,j;
7      cin>>n;
8      for(i=1;i<=n;i++)
9        cin>>a[i];                          //输入n个数
10     for(i=1;i<=n-1;i++)                   //进行n-1趟冒泡
11       for(j=1;j<=n-i;j++)                 //每趟进行n-i次比较
12         if(a[j]>a[j+1])                   //比较相邻两个元素
13           swap(a[j],a[j+1]);              //swap()交换函数
14     for(i=1;i<=n;i++)
15       cout<<a[i]<<" ";
16     return 0;
17 }
```

【运行结果】

```
8
8 2 7 5 4 9 6 3
2 3 4 5 6 7 8 9
```

【程序分析】

冒泡排序法步骤如下。

(1) 读入 n 个数据存放在数组 a 中。

(2) 比较相邻的前后两个数据,即 a[j]和 a[j+1],如果 a[j]>a[j+1],交换两个数据。

(3) 对数组的第 1 个数据到第 n 个数据进行一次遍历后,最大的一个数据就“冒”到数据的第 n 个位置。

(4) 重复步骤(2)、(3),直到排序完成。

程序实现算法:用两层循环完成算法,外层循环 i 控制每趟要进行多少次比较,内层循环控制每趟 i 次比较相邻两个元素,根据结果决定是否交换数据。

程序中的第 13 行,swap()交换函数用于实现数值的交换。swap()函数包含在命名空间 std 中,因此不需要调用其他库,该条语句也可以用这样的三条语句替换(设临时变量 temp):{temp=a[j]; a[j]=a[j+1]; a[j+1]=temp;}。

在进行排序时,交换数字的次数和输入数据的排列顺序有关。如果输入的数据出现了两极端,一是输入的数据正好就是按从小到大的顺序排列,不需要进行任何交换操作;二是输入的数据正好是按从大到小的顺序排列,每比较两个相邻的数都需要发生交换操作。也就是对于有些数据来说,不一定要进行 $n-1$ 趟才能完成。当没有发生交换时,为了提高程序的效率可以减少几趟排序。改进的冒泡排序如参考程序 2。

【参考程序2】

```
1  #include<iostream>
2  using namespace std;
3  int a[10001];
4  int main()
5  {
6      int n,i,j;
7      bool f;
8      cin>>n;
9      for(i=1;i<=n;i++) cin>>a[i];
10     for(i=1;i<=n-1;i++)
11     {
12         f=true;                         //判断是否有交换
13         for(j=1;j<=n-i;j++)
14           if(a[j]>a[j+1])
15             {swap(a[j],a[j+1]);f=false;}
16         if(f) break;                    //没有交换就退出
17     }
18     for(i=1;i<=n;i++)
19       cout<<a[i]<<" ";
20     return 0;
21 }
```

【运行结果】

```
5
2 8 3 5 7
2 3 5 7 8
```

【程序分析】

从运行结果可以看出，输入了5个数据，分别是2 8 3 5 7。这组数据实际上仅需要一趟排序就可以完成整个序列的排序。

实践园

车厢重组。有一座桥，其桥面可以绕河中心的桥墩水平旋转，但其桥面最多能容纳两节车厢。如果将桥旋转180度，则可以把相邻两节车厢的位置交换，用这种方法可以重新排列车厢的顺序。请编写程序，输入初始的车厢顺序，计算最少用多少步就能将车厢按车厢号从小到大重新排序。

提示：典型的冒泡排序思想。

输入：输入两行数据，第一行车厢总数 n（n 为正整数，$n \leqslant 10000$），第二行是 n 个不同的数，表示车厢的顺序。

输出：一个数据，是最少旋转次数。

【样例输入】

```
5
4 3 5 1 2
```

【样例输出】

```
7
```

第 67 课　选择排序法

掌握选择排序法。

选择排序法就是重复“从待排序的数据中找出最小值(或最大值),将其与序列最前端的数值进行交换”这一操作的算法,直到全部待排序的数据排列完毕。

排序过程如下。

初始顺序:5 4 7 9 8 2 3 6　　(将按从小到大的顺序排列)。

第 1 趟:【2】4 7 9 8 5 3 6　　(第 1 趟排序后,最小值 2 排到序列第 1 个位置)

第 2 趟:【2 3】7 9 8 5 4 6　　(第 2 趟排序后,最小值 3 排到序列第 2 个位置)

第 3 趟:【2 3 4】9 8 5 7 6　　(第 3 趟排序后,最小值 4 排到序列第 3 个位置)

第 4 趟:【2 3 4 5】8 9 7 6　　(第 4 趟排序后,最小值 5 排到序列第 4 个位置)

第 5 趟:【2 3 4 5 6】9 7 8　　(第 5 趟排序后,最小值 6 排到序列第 5 个位置)

第 6 趟:【2 3 4 5 6 7】9 8　　(第 6 趟排序后,最小值 7 排到序列第 6 个位置)

第 7 趟:【2 3 4 5 6 7 8】9　　(第 7 趟排序后,最小值 8 排到序列第 7 个位置)

排序完成。

在选择排序中(以上述 8 个待排序列为例),第 1 趟需要比较 7 次,第 2 趟需要比较 6 次,第 3 趟需要比较 5 次……第 7 趟需要比较 1 次。因此,总的排序次数为 7+6+5+4+3+2+1。换句话说,当 n 个待排数据使用选择排序法进行排序的次数为$(n-1)+(n-2)+(n-3)+\cdots+1\approx n^2/2$。因此,与冒泡排序法的时间复杂度为相同,均为 $O(n^2)$。

【例 67.1】 用选择排序法对一组数据由小到大进行排序。

【样例输入】

```
8
5 4 7 9 8 2 3 6
```

【样例输出】

```
2 3 4 5 6 7 8 9
```

【参考程序 1】

```
1 #include<iostream>
2 using namespace std;
3 int a[10001];
4 int main()
```

```
 5 {
 6     int i,j,n;
 7     cin>>n;
 8     for(i=1;i<=n;i++)
 9       cin>>a[i];
10     for(i=1;i<n;i++)              //进行第i趟排序
11       for(j=i+1;j<=n;j++)         //第i趟要比较的次数
12         if(a[i]>a[j])
13           swap(a[i],a[j]);
14     for(i=1;i<=n;i++)
15       cout<<a[i]<<" ";
16     return 0;
17 }
```

【运行结果】

```
8
5 4 7 9 8 2 3 6
2 3 4 5 6 7 8 9
```

【程序分析】

在程序的第 12、13 行中，当第 i 个值比第 j(即 i+1)个的值大，则交换两个数值，经过一轮的比较交换后，最小值最终会到数据的最前端。从第 12、13 行可以看出，只要发现第 i 个值比第 j 个值大，就交换两个数值，并不是找到最小值再进行交换，所以可以设计算法减少交换次数。改进后的选择排序如参考程序 2。

【参考程序 2】

```
 1 #include<iostream>
 2 using namespace std;
 3 int a[10001];
 4 int main()
 5 {
 6     int n,i,j,k;
 7     cin>>n;
 8     for(i=1;i<=n;i++)
 9       cin>>a[i];
10     for(i=1;i<n;i++)        //i控制当前序列最小值存放的位置
11     {   k=i;
12         for(j=i+1;j<=n;j++) //在当前待排序区中选最小值a[k]
13           if(a[j]<a[k]) k=j;
14         if(k!=i)
15           swap(a[i],a[k]);
16                 //交换a[i]和a[k],将当前最小值放入a[i]中
17     }
18     for(i=1;i<=n;i++)
19       cout<<a[i]<<" ";
20     return 0;
21 }
```

【运行结果】

```
8
5 4 7 9 8 2 3 6
2 3 4 5 6 7 8 9
```

【程序分析】

程序进行了改进，用 k 记录最小值的位置，一旦找到最小值再进行数据的交换。步骤

如下。

(1) 读入 n 个数据存放在数组 a 中。

(2) 在 a[1]～a[n]中选择最小值,与第 1 个位置的数值交换,把最小值放入 a[1]中。

(3) 在 a[2]～a[n]中选择最小值,与第 2 个位置的数值交换,把最小值放入 a[2]中,以此类推。

(4) 直到第 n−1 个数值与第 n 个数值比较排序完。

程序实现算法:用两层循环完成算法,外层循环 i 控制当前序列最小值存放的数组位置,内层循环 j 从 i+1 到 n 序列中选择最小值所在的位置 k。

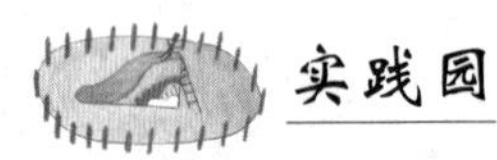

实践园

用选择排序法对一组数据由大到小进行排序。

【样例输入】

```
5
4 3 2 5 1
```

【样例输出】

```
5 4 3 2 1
```

第 68 课　插入排序法

掌握插入排序法。

插入排序法就是重复"将未排序区域内取出一个数据，然后将它插入到已排序区域内合适的位置上，使整个序列在插入新数据后仍有序"这一操作的算法，直到全部待排序的数据排列完毕。

排序过程如下。

初始顺序：4 7 6 2 9 5 3 8　　（将按从小到大的顺序排列，第 1 个数被认为是有序的）

第 1 趟：【4 7】6 2 9 5 3 8　　（7 比 4 大，插入到 4 后面）

第 2 趟：【4 6 7】2 9 5 3 8　　（6 比 7 小，比 4 大，插入到 4 后面）

第 3 趟：【2 4 6 7】9 5 3 8　　（2 比 4 小，插入到 4 前面）

第 4 趟：【2 4 6 7 9】5 3 8　　（9 比 7 大，插入到 7 后面）

第 5 趟：【2 4 5 6 7 9】3 8　　（5 比 6 小，比 4 大，插入到 4 后面）

第 6 趟：【2 3 4 5 6 7 9】8　　（3 比 4 小，比 2 大，插入到 2 后面）

第 7 趟：【2 3 4 5 6 7 8 9】　　（8 比 9 小，比 7 大，插入到 7 后面）

排序完成。

在插入排序中（以上述 8 个待排序列为例），需要将取出的数据与其左边的数值进行比较。如果左边的数值更小，则不需要继续比较，本趟操作到此结束；如果取出的数值比左边已排序的数值都要小，则需要逐个比较，直至整个序列的最左端为止。也就是说，在最糟糕的情况下，第 i 趟需要比较 i－1 次，因此，与冒泡排序、选择排序的时间复杂度一样，都为 $O(n^2)$。

【例 68.1】 用插入排序法对一组数据由小到大进行排序。

【样例输入】

```
8
4 7 6 2 9 5 3 8
```

【样例输出】

```
2 3 4 5 6 7 8 9
```

【参考程序】

```
1  #include<iostream>
2  using namespace std;
3  int a[10001];
4  int main()
5  {
6      int i,j,n,k,t;
7      cin>>n;
8      for(i=1;i<=n;i++) cin>>a[i];
9       for(i=2;i<=n;i++)         //从第2个数开始取数
10      {  t=a[i];                //取出第i个数放入临时变量t中
11         j=i-1;                 //将取出的数与前面一个数比较
12         while(j>0&&t<a[j])     //比要插入的数大，整体后移
13         {   a[j+1]=a[j];
14             j--;
15          }
16          a[j+1]=t;             //将a[i]放到正确的位置上
17      }
18      for(i=1;i<=n;i++)
19        cout<<a[i]<<" ";
20        return 0;
21 }
```

【运行结果】

```
8
4 7 6 2 9 5 3 8
2 3 4 5 6 7 8 9
```

【程序分析】

插入排序法步骤如下。

(1) 读入 n 个数据存放在数组 a 中。

(2) 从第 2 个数开始，取出当前数作为待排序列，逐个与前面的数比较，若小于前面的数，则前面的数后移；若大于前面的数，无须继续比较，本轮操作结束。

(3) 直到第 n 个数插入正确位置为止。

程序实现算法：用两层循环完成算法，外层循环 i 控制待排序的数，从第 2 个数到第 n 个数；内层循环 j 控制寻找插入的位置，j 值从 i−1 开始向前扫描，边扫描边将数据后移，寻找到位置，插入当前值。

在程序的第 10 行中，也可以使用 a[0]作为临时变量，无须另外设临时变量 t。第 12～15 行使用了 while 语句实现数据批量后移。

冒泡排序法、选择排序法和插入排序法在最坏情况下的时间复杂度都是 $O(n^2)$，如果程序要求在 1 秒之内完成时，而数据规模又较大时(超过 10000)，那么这三种排序基本都会超时，这是由它们的时间复杂度决定的。

实践园

说说三种排序的基本思想。

第 69 课 sort() 函数

学会 sort()函数的使用。

除了前几课介绍的三种排序方法，还可以利用 C++提供的 sort()函数排序。使用 sort()函数须在程序开头包含头文件＃include＜algorithm＞。

sort()函数的一般格式如下：

```
sort(begin,end);
```

【说明】 begin 为起始地址，end 为结束地址。

例如：

```
sort(a,a+n);    //表示将数组 a 的前 n 个元素按"升序"排序
```

注意：sort()函数默认的排列顺序是从小到大排序。

【例 69.1】 用 sort()函数对一组十个数据由小到大进行排序。

【样例输入】

```
5 3 9 1 8 4 6 2 7 0
```

【样例输出】

```
0 1 2 3 4 5 6 7 8 9
```

【参考程序】

```
1  #include<iostream>
2  #include<algorithm>
3  using namespace std;
4  int main()
5  {
6      int i,a[10];
7      for(i=0;i<=9;i++)
8        cin>>a[i];
9      sort(a,a+10);                   //从起点到终点进行升序排序
10     for(i=0;i<=9;i++)
11       cout<<a[i]<<" ";
12     return 0;
13 }
```

【运行结果】

```
5 3 9 1 8 4 6 2 7 0
0 1 2 3 4 5 6 7 8 9
```

【程序分析】

程序中的第 9 行使用了 sort()函数将数组 a 的前 10 个元素进行升序排序。值得注意的是，sort(a，a+10)即 sort(a+0，a+10)，它的排序区间是半开区间(前闭后开)，也就是说，此条语句是将 a[0]～a[9]的元素进行升序排序。

如果要实现从大到小的排序，该怎么办呢？

需要在 sort()函数里加入一个比较函数 compare()，告诉程序排序的规则。

使用 sort()函数按从大到小排序的方法：

```
sort(begin,end,compare);
```

【说明】 比较函数 compare()的实现过程：

```
bool compare(int a,int b)
{
  return a > b;
}
```

【例 69.2】 用 sort()函数对一组数据由大到小进行排序。

【样例输入】

```
5 8 1 3 6 2 7 9 0 4
```

【样例输出】

```
9 8 7 6 5 4 3 2 1 0
```

【参考程序】

```
1  #include<iostream>
2  #include<algorithm>
3  using namespace std;
4  bool compare(int a,int b)   //比较函数
5  {
6      return a>b;
7  }
8  int main()
9  {
10     int i,a[10];
11     for(i=0;i<=9;i++)
12       cin>>a[i];
13     sort(a,a+10,compare); //将数组a前10个元素进行降序排序
14     for(i=0;i<=9;i++)
15       cout<<a[i]<<" ";
16     return 0;
17 }
```

【运行结果】

```
5 8 1 3 6 2 7 9 0 4
9 8 7 6 5 4 3 2 1 0
```

【程序分析】

程序中的第 4～7 行是一个返回值为布尔类型的比较函数。在以后的学习中，如果没有特殊说明，就可以使用 sort()函数解决一般的排序问题。

实践园

有趣的跳跃。一个长度为 $n(n>0)$ 的序列中存在“有趣的跳跃”当前仅当相邻元素的差的绝对值经过排序后正好是从 1 到 $(n-1)$。如 1 4 2 3 存在“有趣的跳跃”，因为差的绝对值分别为 3、2、1。当然，任何只包含单个元素的序列一定存在“有趣的跳跃”。请编写一个程序判定给定序列是否存在“有趣的跳跃”。

注：题目出自 http://noi.openjudge.cn 中 1.6 编程基础之一维数组/07。

输入：两行，第一行为一个数是 $n(0<n<3000)$，为序列长度，第二行有 n 个整数，依次为序列中各元素，各元素的绝对值均不超过 1000000000。

输出：一行，若该序列存在“有趣的跳跃”，输出 Jolly；否则，输出 Not jolly。

【样例输入 1】

```
4
1 4 2 3
```

【样例输出 1】

```
Jolly
```

【样例输入 2】

```
9
1 10 2 9 6 4 8 3 5
```

【样例输出 2】

```
Not jolly
```

第 70 课　数组的插入

掌握数组元素插入的方法。

【例 70.1】 指定位置的插入：在一个数组的第 x 个位置插入一个新的数 y。

输入：第一行有一个整数 n；第二行有 n 个整数；第三行有一个整数 x，为要插入的位置；第四行有一个整数 y，为要插入的整数。

输出：将 y 插入后的数组。

【样例输入】

```
5
8 3 4 7 9
3
6
```

【样例输出】

```
8 3 6 4 7 9
```

【参考程序】

```
1  #include<iostream>
2  using namespace std;
3  int a[10001];
4  int main()
5  {
6      int i,x,y,n;
7      cin>>n;
8      for(i=1;i<=n;i++)
9        cin>>a[i];
10     cin>>x>>y;               //输入插入的位置x和插入的数y
11     for(i=n;i>=x;i--)
12       a[i+1]=a[i];           //从第i的位置，整体往后移动
13     a[x]=y;                  //将y插入到合适的位置
14     for(i=1;i<=n+1;i++)
15       cout<<a[i]<<" ";       //输出更新后的数组
16     return 0;
17 }
```

【运行结果】

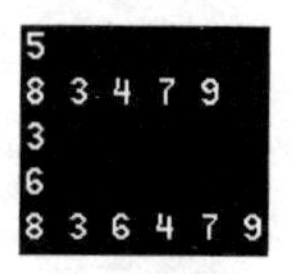

```
5
8 3 4 7 9
3
6
8 3 6 4 7 9
```

【程序分析】

算法设计：用数组 a 代表输入的数列，n 代表数据的个数，x 代表要插入的位置，y 代表要插入的数。在插入前，先依次移动 $n \sim x$ 的数至 $n+1 \sim x+1$ 的位置上，整体移位完成后，再在第 x 的位置上插入新元素，然后输出更改后的数组。

在整体移位过程中，移动顺序是关键，应倒过来移位，否则前面的数可能会被覆盖，先从最后一位开始往后移，将第 n 位移至第 $n+1$ 位，第 $n-1$ 位移至第 n 位……以此类推，直到将第 x 位移至第 $x+1$ 位上。如果是正过来移位，将第 x 位移至第 $x+1$ 位……以此类推，后面元素会被覆盖。

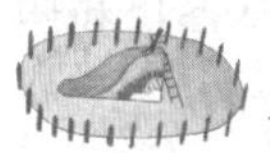

实践园

有序数组插入元素。给定一个正整数 n 和一个数列，这个数列保证从小到大排列，现要求将这个正整数 n 插入到数列中，使新的数列仍然从小到大排列。

输入：第一行有一个整数 n 表示数列中的个数；第二行一个整数 x 表示待插入的数；第三行 n 个整数。

输出：输出将 x 插入后的数组。

【样例输入】

```
5
5
1 3 7 9 11
```

【样例输出】

```
1 3 5 7 9 11
```

第 71 课　查找与删除

掌握数组元素的查找与删除的方法。

【例 71.1】 查找数据 x 是否是数组 a 中元素。若是，删除第一次出现的该元素；若不是，输出 Not found!。

输入：第一行有一个整数 n；第二行有 n 个整数；第三行有一个整数 x，为要查找和删除的数。

输出：输出更新后的数组。如果 x 不在数组 a 中，则输出 Not found!。

【样例输入 1】

```
5
1 4 2 3 5
2
```

【样例输出 1】

```
1 4 3 5
```

【样例输入 2】

```
5
1 4 2 3 5
8
```

【样例输出 2】

```
Not found!
```

【参考程序】

```
1  #include<iostream>
2  using namespace std;
3  int a[10001];
4  int main()
5  {
6      int i,x,n,k;
7      cin>>n;
8      for(i=1;i<=n;i++) cin>>a[i];
9      cin>>x;
10     for(i=1;i<=n;i++)
11       if(x==a[i]) break;     //查找数据x是否在数组a中
12     k=i;                     //如果在数组a中，用k记录位置
13     if(i==n+1)               //x不在数组a中
14       cout<<"Not found!";
15     else
16       { for(i=k;i<=n-1;i++)
17           a[i]=a[i+1];       //整体往前移动，实现删除元素
18         for(i=1;i<=n-1;i++)
19           cout<<a[i]<<' ';  }
20     return 0;
21 }
```

【运行结果 1】

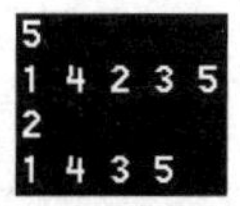

【运行结果 2】

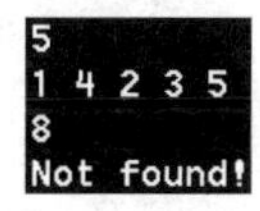

【程序分析】

程序中的第 10、11 行实现了数组元素的查找。这种按顺序逐一查找的方法，称为顺序查找。第 16、17 行实现了数组元素的删除，k 代表要删除的位置，直接移动 $k+1\sim n$ 的数至 $k\sim n-1$ 的位置上，便能实现删除 k 位置上的元素，也就是直接覆盖了 k 位置上的元素。

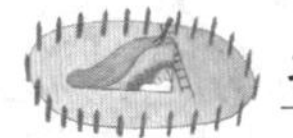

实践园

(1) 在输入的 n 个数中查找输入的数，输出数据存放在数组中的位置，若查找不到，则输出 fail!。

输入：第一行有一个整数 n；第二行有 n 个整数；第三行有一个整数 x，为要查找的数。

输出：输出在 x 所在的位置。若查找不到，则输出 fail!。

【样例输入】

```
5
1 4 2 5 3
4
```

【样例输出】

```
2
```

(2) 把一个数组的第 x 个位置的元素删除，然后输出删除后的数组。

输入：第一行有一个整数 n；第二行有 n 个整数；第三行有一个整数 x，为要删除的位置。

输出：输出更新后的数组。

【样例输入】

```
5
2 4 6 8 10
3
```

【样例输出】

```
2 4 8 10
```

第 72 课　二分查找法

掌握二分查找法。

二分查找法是一种在数组中查找数据的算法。它只能查找已经排好序的数据。二分查找法通过比较数组中间元素与目标元素的大小,可确定目标元素是在数组的左边还是右边。比较一次,查找范围就会折半,重复执行该操作就可以找到目标元素。因此,也称折半查找法。

二分查找过程如下。

假设要查找的目标元素 key 为 22,查找过程如图 72.1 所示。

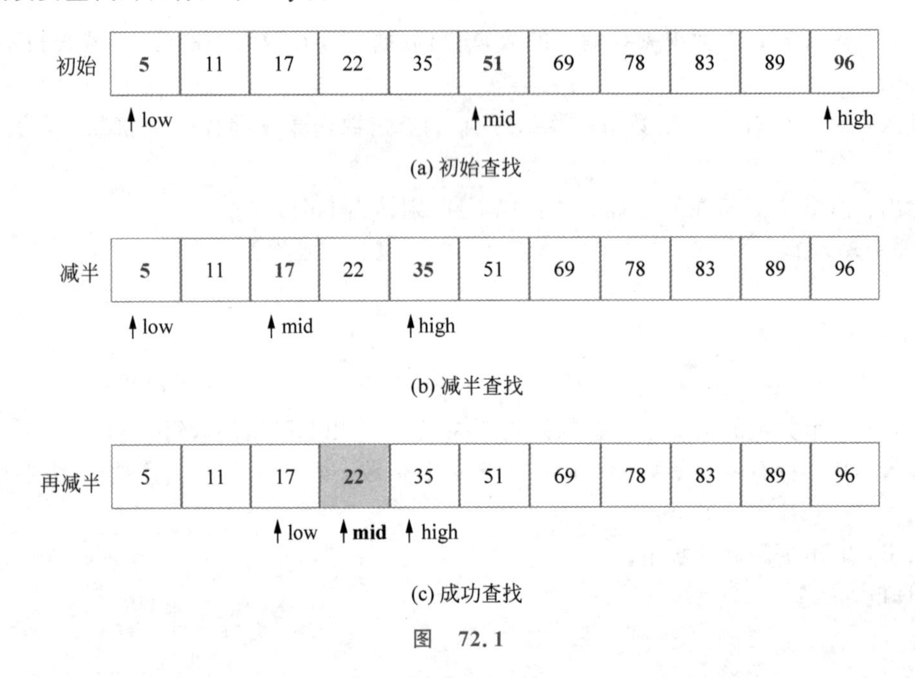

图　72.1

在二分查找中,需要设三个变量: low、high、mid,分别表示查找区间的左端点、右端点和中间位置。初始状态下 low＝1,high＝n; 求 mid＝(low＋high)/2,然后将目标元素 key 与 a[mid]比较; 当 key＞a[mid]时,那么 low＝mid＋1,继续折半查找; key＜a[mid]时,那么 high＝mid－1,继续折半查找; 当 key＝＝a[mid]时,那么 low＝mid－1,则查找完毕,结束查找过程。

每一次查找都可以将查找范围减半,查找范围内只剩下一个元素时,查找结束。长度为 n 的数组,将其长度减半 $\log2^n$ 次后,就只剩一个元素了。因此,二分查找法的时间复杂度为 $O(\log n)$。

注意：二分查找法只适用于有序数组。

【例 72.1】 在长度为 n 的递增序列的数组 a 中用二分查找法查找元素 key，找到后输出该元素所在的位置；否则，输出 fail!。

输入：第一行有一个整数 n；第二行有 n 个整数；第三行有一个整数 key，为要查找的数。

输出：输出 key 所在的位置。

【样例输入 1】

```
11
5 11 17 22 35 51 69 78 83 89 96
22
```

【样例输出 1】

```
4
```

【样例输入 2】

```
11
5 11 17 22 35 51 69 78 83 89 96
70
```

【样例输出 2】

```
fail!
```

【参考程序】

```
1  #include<iostream>
2  using namespace std;
3  int a[10001];
4  int main()
5  {
6      int low,high,mid,key,n;
7      cin>>n;
8      for(int i=1;i<=n;i++) cin>>a[i];
9      cin>>key;
10     low=1;high=n;
11     while(low<=high)
12     {
13         mid=(low+high)/2;
14         if(key==a[mid])
15           break;                       //找到后退出查找
16         else if(key>a[mid])
17                 low=mid+1;             //继续查找后半区间
18               else
19                 high=mid-1;            //继续查找前半区间
20     }
21     if(low>high)
22       cout<<"fail!"<<endl;
23     else
24       cout<<mid<<endl;
25     return 0;
26 }
```

【运行结果 1】

```
11
5 11 17 22 35 51 69 78 83 89 96
22
4
```

【运行结果 2】

```
11
5 11 17 22 35 51 69 78 83 89 96
70
fail!
```

【程序分析】

二分查找法步骤如下。

(1) 读入 n 个数据存放在数组 a 中。

(2) 设变量 low、high 和 mid 分别表示查找区间的起点、终点和中间位置的下标，则初始状态下 low=1，high=n。

(3) 求待查区间中间元素的下标 mid=(low+high)/2，然后将目标元素 key 与 a[mid]比较，决定后续查找范围。

(4) 当 key==a[mid]时，则查找完毕，结束查找过程。

当 key>a[mid]时，那么 low=mid+1，继续折半查找。

当 key<a[mid]时，那么 high=mid-1，继续折半查找。

(5) 重复步骤(3)、(4)直到找到 key，或再无查找区域(low>high)。

程序实现算法：用 while 循环语句完成算法，终止 while 循环查找过程有两种情况：一是在某次查找过程中找到目标元素 key，即 key==a[mid]；二是查找完毕但未找到目标元素，即 low>high。

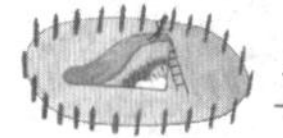

实践园

中考成绩出来了，许多考生想知道自己成绩的排名情况，于是考试委员会找到了你，让你帮助完成一个成绩查找程序，考生只需要输入成绩，即可知道其排名及同分数的人有多少。

输入：第一行一个数 n($n<10000$)；第二行一个数 k；第三行开始 n 个以空格隔开的从大到小排列的所有学生中考成绩(整数)。接着 k 个待查找的考生成绩。

输出：k 行，每行为一个待查找的考生的名次(不同分数的名次，如出现并列只算一名)、同分的人数、比考生分数高的人数。若查找不到，则输出 fail!。

【样例输入】

```
10
2
580 570 565 564 564 534 534 534 520 520
564 520
```

【样例输出】

```
4 2 3
6 2 8
```

Chapter 8

第8章

二维数组

在第7章中，我们学习了一维数组的使用方法，现在假设需要存储一个矩阵，当然可以用一维数组解决这个问题，即矩阵的每一行都用一个一维数组来存放，矩阵有几行就需要定义几个一维数组，但是这个方法显然很麻烦。二维数组可以更好地解决这个问题。本章将介绍二维数组的使用方法。

第73课 二维数组

掌握二维数组的定义、引用以及初始化。

1. **二维数组的定义**

与一维数组的定义方法类似。定义二维数组的一般格式如下：

```
类型名 数组名[常量表达式 1][常量表达式 2];
```

【说明】

(1) 常量表达式 1 代表行，常量表达式 2 代表列；元素个数为行、列长度的乘积。

(2) 二维数组“按行”存放，即一行元素存储完毕之后再存储下一行元素。

例如：

```
int a[3][4];    //表示数组名为 a,共有 3×4 = 12 个元素,均为整型
```

注意：一个二维数组相当于一个[常量表达式 1]×[常量表达式 2]的表格，二维数组 a[3][4]由 3 行 4 列(相当于 3×4 的表格)组成，其中 a[0][0]表示第 1 行第 1 列的元素，如表 73.1 所示。

表 73.1

a[0][0]	a[0][1]	a[0][2]	a[0][3]
a[1][0]	a[1][1]	a[1][2]	a[1][3]
a[2][0]	a[2][1]	a[2][2]	a[2][3]

2. **二维数组的引用**

与一维数组的引用方法类似。引用二维数组元素的一般格式如下：

```
数组名[下标 1][下标 2];
```

例如：

```
a[2][3];    //表示数组 a 的第 3 行第 4 列元素
```

同样地，在使用二维数组时，也需要特别注意下标不能越界。

3. **二维数组的初始化**

(1) 在定义数组时给全部数组元素赋初值。

例如：

```
int a[2][3] = {1,2,3,4,5,6};
```

或者

```
int a[ ][3] = {1,2,3,4,5,6};    //给全部元素赋初值时,可以省略行的长度
```

(2) 按行给所有元素赋初值,每行数据在一对花括号里。

例如:

```
int a[2][3] = {{1,2,3,},{4,5,6}};
```

(3) 按行给部分元素赋初值,未被赋值的元素默认为 0。

例如:

```
int a[3][4] = {{1,2,},{4,0,6},{8,9}};
```

或者

```
int a[ ][4] = {{1,2,},{4,0,6},{8,9}};    //按行赋值也可以省略行的长度
```

(4) 可以逐个给数组元素赋值。

例如:

```
int a[2][2]; a[0][0] = 1; a[0][1] = 2; a[1][0] = 3; a[1][1] = 4;
```

(5) 利用双重循环赋值,外层循环控制行,内层循环控制列。

例如:

```
for(int i = 0;i<2; i++)
    for(int j = 0;j<3; j++)
    cin>>a[i][j];
```

【例 73.1】 求一个 3×4 方阵中的最大元素及其下标。

【样例输入】

```
2 4 7 5
6 3 9 2
1 5 8 0
```

【样例输出】

```
9 1 2
```

【参考程序】

```
1 #include<iostream>
2 using namespace std;
3 int main()
```

```
 4 {
 5     int a[3][4],maxn,i,j,ki,kj;
 6     for(i=0;i<3;i++)              //双重循环赋初值
 7       for(j=0;j<4;j++)
 8         cin>>a[i][j];
 9     maxn=a[0][0];                 //假设a[0][0]是最大值
10     for(i=0;i<3;i++)
11       for(j=0;j<4;j++)
12         if(a[i][j]>maxn)          //更新maxn的值
13         {
14           maxn=a[i][j];
15           ki=i;                   //记录最大值所在的行下标
16           kj=j;                   //记录最大值所在的列下标
17         }
18     cout<<maxn<<" "<<ki<<" "<<kj<<endl;
19     return 0 ;
20 }
```

【运行结果】

【程序分析】

程序中的第 6～8 行使用了双重循环，用来给二维数组赋初值。

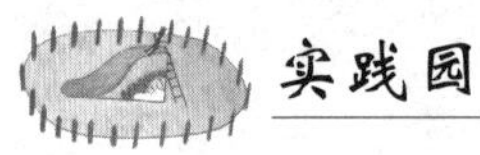

实践园

已知一个 5×5 的矩阵，将矩阵二条对角线上的元素变成原来的 2 倍，然后输出这个新矩阵。

【样例输入】

```
1 1 1 1 1
1 1 1 1 1
1 1 1 1 1
1 1 1 1 1
1 1 1 1 1
```

【样例输出】

```
2 1 1 1 2
1 2 1 2 1
1 1 2 1 1
1 2 1 2 1
2 1 1 1 2
```

第74课　边缘之和

学会使用二维数组解决边缘之和问题。

【例 74.1】　计算矩阵边缘元素之和。输入一个整数矩阵,计算位于矩阵边缘的元素之和。所谓矩阵边缘的元素,就是第一行和最后一行的元素以及第一列和最后一列的元素。

注:题目出自 http://noi.openjudge.cn 中 1.8 编程基础之多维数组/03。

输入:第一行分别为矩阵的行数 m 和列数 n($m<100$,$n<100$),两者之间以一个空格隔开。接下来输入的 m 行数据中,每行包含 n 个整数,整数之间以一个空格分开。

输出:输出对应矩阵的边缘元素和。

【样例输入】

```
3 3
3 4 1
3 7 1
2 0 1
```

【样例输出】

```
15
```

【参考程序】

```
1  #include<iostream>
2  using namespace std;
3  int a[101][101];
4  int main()
5  {
6      int i,j,m,n,sum=0;
7      cin>>m>>n;
8      for(i=1;i<=m;i++)          //双重循环赋初值，即输入矩阵
9        for(j=1;j<=n;j++)
10       {
11         cin>>a[i][j];
12         if(i==1||i==m||j==1||j==n)
13           sum+=a[i][j];        //如果是边缘元素，累计求和
14       }
15     cout<<sum;
16     return 0;
17 }
```

【运行结果】

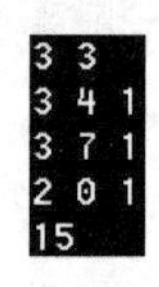

【程序分析】

从程序中的第 11～13 行可以看出，程序在输入矩阵时累计求和，即边输入数据边判断是否为边缘元素，从而决定是否需要累计求和。当遇到类似的数组元素求和问题，均可以使用此方法，即在输入数组元素时累计求和。

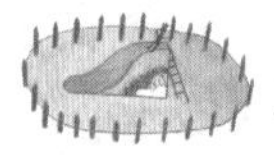

实践园

计算鞍点。给定一个 5×5 的矩阵，每行只有一个最大值，每列只有一个最小值，寻找这个矩阵的鞍点。鞍点是指矩阵中的一个元素，它是所在行的最大值，并且是所在列的最小值。

注：题目出自 http://noi.openjudge.cn 中 1.8 编程基础之多维数组/05。

例如：在下面的例子中(第 4 行第 1 列的元素就是这个矩阵中的鞍点，值为 8)。

```
11 3 5 6 9
12 4 7 8 10
10 5 6 9 11
8 6 4 7 2
15 10 11 20 25
```

输入：输入包含一个 5 行 5 列的矩阵。

输出：如果存在鞍点，输出鞍点所在的行、列及其值；如果不存在，输出 not found。

【样例输入】

```
11 3 5 6 9
12 4 7 8 10
10 5 6 9 11
8 6 4 7 2
15 10 11 20 25
```

【样例输出】

```
4 1 8
```

第 75 课　稀疏矩阵

学会使用二维数组解决稀疏矩阵问题。

【例 75.1】　矩阵中大部分元素是 0 的矩阵称为稀疏矩阵，假设矩阵中有 k 个非 0 元素，则可以把稀疏矩阵用 $k \times 3$ 的矩阵简记，其中第一列是行号，第二列是列号，第三列是该行、该列下的非 0 元素的值。

例如：

```
3000          简记为          113          //第 1 行第 1 列的非 0 元素是 3
0006                          246          //第 2 行第 4 列的非 0 元素是 6
0100                          321          //第 3 行第 2 列的非 0 元素是 1
```

尝试编程输入一个稀疏矩阵，将其转换成简记形式，并输出。

【样例输入】

```
35
00003
00700
10010
```

【样例输出】

```
1  5  3
2  3  7
3  1  1
3  4  1
```

【参考程序】

```
1  #include<iostream>
2  #include<iomanip>
3  using namespace std;
4  int a[101][101],b[101][4];
5  int main()
6  {    int i,j,m,n,k=0;
7       cin>>m>>n;
8       for(i=1;i<=m;i++)                    //输入初始矩阵
```

```
 9        for(j=1;j<=n;j++)
10          cin>>a[i][j];
11      for(i=1;i<=m;i++)
12        for(j=1;j<=n;j++)
13          if(a[i][j])                    //判断非0元素，并存储
14          {
15              b[++k][1]=i;               //等价于++k;b[k][1]=i;
16              b[k][2]=j;
17              b[k][3]=a[i][j];
18          }
19      for(i=1;i<=k;i++)                  //输出k行3列的矩阵
20      {
21          for(j=1;j<=3;j++)
22            cout<<setw(3)<<b[i][j];
23          cout<<endl;                    //输出一行后换行
24      }
25      return 0;
26  }
```

【运行结果】

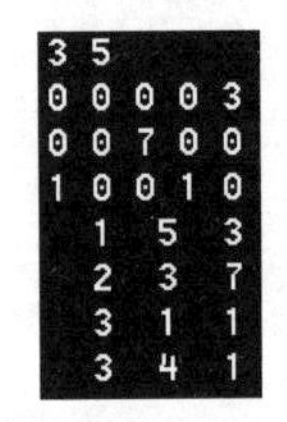

【程序分析】

设计算法：该例题需要定义两个数组。数组 a 用于存放原始矩阵，数组 b 用于存放转换后的矩阵。

程序中的第 15 行语句 b[++k][1]=i; 是++k; b[k][1]=i; 的简写语句。在以后的应用中，可以使用简写语句，减少代码行数，提高程序效率。

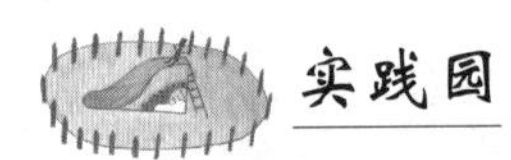

实践园

矩阵乘法。计算两个矩阵的乘法。$n\times m$ 阶的矩阵 $\boldsymbol{A}$ 乘以 $m\times k$ 阶的矩阵 $\boldsymbol{B}$ 得到的矩阵 $\boldsymbol{C}$ 是 $n\times k$ 阶的，且 C[i][j]=A[i][0]×B[0][j]+A[i][1]×B[1][j]+…+A[i][m−1]×B[m−1][j]（C[i][j]表示 $\boldsymbol{C}$ 矩阵中第 i 行第 j 列元素）。

注：题目出自 http://noi.openjudge.cn 中 1.8 编程基础之多维数组/09。

输入：第一行为 n、m、k，表示矩阵 $\boldsymbol{A}$ 是 n 行 m 列，矩阵 $\boldsymbol{B}$ 是 m 行 k 列，n、m、k 均小于 100。然后先后输入 $\boldsymbol{A}$ 和 $\boldsymbol{B}$ 两个矩阵，$\boldsymbol{A}$ 矩阵 n 行 m 列，矩阵 $\boldsymbol{B}$ m 行 k 列，矩阵中每个元素的绝对值不会大于 1000。

输出：输出矩阵 $\boldsymbol{C}$，一共 n 行，每行 k 个整数，整数之间以一个空格分开。

【样例输入】

```
3 2 3
1 1
1 1
1 1
1 1 1
1 1 1
```

【样例输出】

```
2 2 2
2 2 2
2 2 2
```

第 76 课　矩阵转置

导学牌

学会使用二维数组解决矩阵转置问题。

【例 76.1】　输入一个 n 行 m 列的矩阵 $\mathbf{A}$，输出它的转置 $\mathbf{A}^{\mathrm{T}}$。即把矩阵 $\mathbf{A}$ 的第 i 行转换成第 i 列，得到的新矩阵称为 $\mathbf{A}$ 的转置矩阵。转置矩阵的第 i 行第 j 列元素是原矩阵的第 j 行第 i 列元素。

注：题目出自 http://noi.openjudge.cn 中 1.8 编程基础之多维数组/10。

输入：第一行包含两个整数 n 和 m，表示矩阵 $\mathbf{A}$ 的行数和列数($1\leqslant n\leqslant 100,1\leqslant m\leqslant 100$)。接下来 n 行中，每行 m 个整数，表示矩阵 $\mathbf{A}$ 的元素。相邻两个整数之间用单个空格隔开，每个元素均在 1～1000 之间。

输出：m 行，每行 n 个整数，为矩阵 $\mathbf{A}$ 的转置。相邻两个整数之间用单个空格隔开。

【样例输入】

```
3 3
1 2 3
4 5 6
7 8 9
```

【样例输出】

```
1 4 7
2 5 8
3 6 9
```

【参考程序】

```
1  #include<iostream>
2  using namespace std;
3  int a[1001][1001];
4  int main()
5  {
6      int m,n,i,j;
7      cin>>n>>m;
8      for(i=1;i<=n;i++)                //输入矩阵
9        for(j=1;j<=m;j++)
10         cin>>a[i][j];
11     for(i=1;i<=m;i++)
12     {                                /*输出矩阵的转置,
13                                      即交换a[i][j]和a[j][i]*/
14         for(j=1;j<=n;j++)
```

```
15            cout<<a[j][i]<<" ";
16        cout<<endl;                    //输出一行后换行
17    }
18    return 0;
19 }
```

【运行结果】

【程序分析】

从程序中的第 11～17 行中可以看出，直接交换行、列号输出矩阵的转置。

实践园

图像旋转。输入一个 n 行 m 列的黑白图像，将它顺时针旋转 90 度后输出。

注：题目出自 http://noi.openjudge.cn 中 1.8 编程基础之多维数组/11。

输入：第一行包含两个整数 n 和 m($1 \leqslant n \leqslant 100, 1 \leqslant m \leqslant 100$)，表示图像包含像素点的行数和列数。

接下来的 n 行，每行 m 个整数，表示图像的每个像素点灰度。相邻两个整数之间用单个空格隔开，每个元素均在 0～255 之间。

输出：m 行，每行 n 个整数，为顺时针旋转 90 度后的图像。相邻两个整数之间用单个空格隔开。

【样例输入】

```
3 3
1 2 3
4 5 6
7 8 9
```

【样例输出】

```
7 4 1
8 5 2
9 6 3
```

第 77 课　杨辉三角

学会使用二维数组解决杨辉三角问题。

【例 77.1】　编程输出 n 行($n<10$)杨辉三角形，当 $n=6$ 时，杨辉三角形如下：

```
1
1 1
1 2 1
1 3 3 1
1 4 6 4 1
1 5 10 10 5 1
```

【参考程序】

```
1  #include<iostream>
2  #include<iomanip>
3  using namespace std;
4  int a[11][11];
5  int main()
6  {
7      int i,j,n;
8      cin>>n;
9      for(i=1;i<=n;i++)
10       a[i][1]=a[i][i]=1; //给第1列和对角线元素赋值，均为1
11     for(i=2;i<=n;i++)
12         for(j=2;j<i;j++)
13           a[i][j]=a[i-1][j-1]+a[i-1][j];
14                               //每个数是上一行的两数之和
15     for(i=1;i<=n;i++)     //输出杨辉三角形
16     {
17         for(j=1;j<=i;j++)
18           cout<<setw(5)<<a[i][j];
19         cout<<endl;
20      }
21     return 0;
22 }
```

【运行结果】

```
6
    1
    1    1
    1    2    1
    1    3    3    1
    1    4    6    4    1
    1    5   10   10    5    1
```

【程序分析】

杨辉三角形的特点是第1列和对角线上的元素均为1,其余各项为

```
a[i][j] = a[i-1][j-1] + a[i-1][j];
```

其中,i=2,3,4,…,n; j=2,3,4,…,i-1。

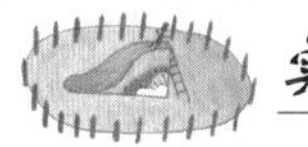

实践园

变换的矩阵。有一个 $N\times N$(N 为奇数,且 $1\leqslant N\leqslant 10$)的矩阵,矩阵中的元素都是字符。这个矩阵可能会按照如下的几种变换法则之一进行变换(只会变换一次)。

注:题目出自 http://noi.openjudge.cn 中 1.8 编程基础之多维数组/12。

现在给出一个原始的矩阵和一个变换后的矩阵,请编写一个程序来判定原始矩阵是按照哪一种法则变换为目标矩阵的。

(1) 按照顺时针方向旋转90度。

例如:

```
1 2 3              7 4 1
4 5 6    变换为    8 5 2
7 8 9              9 6 3
```

(2) 按照逆时针方向旋转90度。

例如:

```
1 2 3                3 6 9
4 5 6    变换为      2 5 8
7 8 9                1 4 7
```

(3) 中央元素不变(如例中的5),其他元素(如例中的3)与“以中央元素为中心的对应元素”(如例中的7)互换。

例如:

```
1 2 3              9 8 7
4 5 6    变换为    6 5 4
7 8 9              3 2 1
```

(4) 保持原始矩阵,不变换。

(5) 如果从原始矩阵到目标矩阵的变换,不符合任何上述变换,请输出5。

输入:第一行矩阵每行/列元素的个数 N;第二行到第 $N+1$ 行原始矩阵,共 N 行,每行 N 个字符;第 $N+2$ 行到第 $2\times N+1$ 行目标矩阵,共 N 行,每行 N 个字符。

输出:只有一行,从原始矩阵到目标矩阵的所采取的变换法则的编号。

【样例输入】

```
5
a b c d e
```

```
fghij
klmno
pqrst
uvwxy
yxwvu
tsrqp
onmlk
jihgf
edcba
```

【样例输出】

```
3
```

第 78 课　螺旋填数

掌握二维数组之数字方阵的应用。

【例 78.1】 在 $n \times n$ 方阵中填入 1,2,3,4,…,$n \times n$（$n \leqslant 10$），要求填成螺旋状（顺时针内旋）。当 $n=4$ 时，方阵如图 78.1 所示。

10	11	12	1
9	16	13	2
8	15	14	3
7	6	5	4

图　78.1

【参考程序】

```
#include<iostream>
#include<cstring>
#include<iomanip>
using namespace std;
int a[26][26];
int main()
{   int x,y,n,count=1;
    cin>>n;
    memset(a,0,sizeof(a));
    x=1;y=n;
    a[x][y]=1;
    while(count<n*n)  //填入第2个数到第n*n个数
    {
        while(x+1<=n&&!a[x+1][y]) a[++x][y]=++count;//向下填数
        while(y-1>=1&&!a[x][y-1]) a[x][--y]=++count;//向左填数
        while(x-1>=1&&!a[x-1][y]) a[--x][y]=++count;//向上填数
        while(y+1<=n&&!a[x][y+1]) a[x][++y]=++count;//向右填数
    }
    for(x=1;x<=n;x++)
    {   for(y=1;y<=n;y++)
          cout<<setw(4)<<a[x][y];
        cout<<endl;
    }
    return 0;
}
```

【运行结果】

```
4
  10  11  12   1
   9  16  13   2
   8  15  14   3
   7   6   5   4
```

【程序分析】

算法设计：该例题采用模拟法进行数字方阵填数。设二维数组 a 用于填数，变量 x 表示行，变量 y 表示列，从 x=1，y=n 开始填入数字 1，填数顺序是下、左、上、右。操作步骤如下。

(1) 将数组 a 置 0，并在 a[1][n]中填入数字 1。

(2) 循环填数 2～$n\times n$。

(3) 向下填数，行坐标增 1，当增 1 后的行坐标小于等于 n 并且还未被填数，就在该位置上填入当前数字，继续向下填数。

(4) 向左填数，列坐标减 1，当减 1 后的列坐标大于等于 1 并且还未被填数，就在该位置上填入当前数字，继续向左填数。

(5) 向上填数，行坐标减 1，当减 1 后的行坐标大于等于 1 并且还未被填数，就在该位置上填入当前数字，继续向上填数。

(6) 向右填数，列坐标增 1，当增 1 后的列坐标小于等于 n 并且还未被填数，就在该位置上填入当前数字，继续向右填数。

(7) 输出螺旋方阵。

程序中的第 14 行，语句 a[++x][y]=++count；是++x；a[x][y]=++count；的简写语句。同样地，第 15～17 行中也是简写语句。

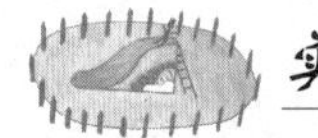

实践园

在 $n\times n$ 方阵中填入 1,2,3,4,…,$n\times n$($n<20$)，要求填成螺旋状(顺时针外旋)。当 $n=4$ 时，方阵如图 78.2 所示。

16	5	6	7
15	4	1	8
14	3	2	9
13	12	11	10

图 78.2

第79课　蛇形填数

掌握二维数组之数字方阵的应用。

【例79.1】　蛇形填充数组。在 $n\times n$ 方阵中填入 $1,2,3,4,\cdots,n\times n(n\leqslant 10)$，要求填成蛇形状。当 $n=4$ 时，方阵如图79.1所示。

注：题目出自 http://noi.openjudge.cn 中1.8编程基础之多维数组/24。

1	2	6	7
3	5	8	13
4	9	12	14
10	11	15	16

图　79.1

【参考程序】

```
1  #include<iostream>
2  using namespace std;
3  int a[11][11];
4  int main(){
5      int x=1,y=1,n;
6      cin>>n;
7      for(int i=1;i<=n*n;i++){
8          a[x][y]=i;                    //填数
9          if((x+y)%2==1){               //行、列下标和为奇数
10             if(y>1&&x<n){             //向左下方填数
11                 x++,y--;              //向左下方填数时，下标的变化
12             }
13             else if(x==n) y++;        //填到边缘时，下标的变化
14             else x++;
15         }
16         else{                         //行、列下标和为偶数
17             if(x>1&&y<n){             //向右上下方填数
18                 x--,y++;              //向右上方填数时，下标的变化
19             }
20             else if(y==n) x++;        //填到边缘时，下标的变化
21             else y++;
22         }
23     }
24     for(int i=1;i<=n;i++){
25         for(int j=1;j<=n;j++)
26           cout<<a[i][j]<<" ";
27         cout<<endl;
28     }
29     return 0;
30 }
```

【运行结果】

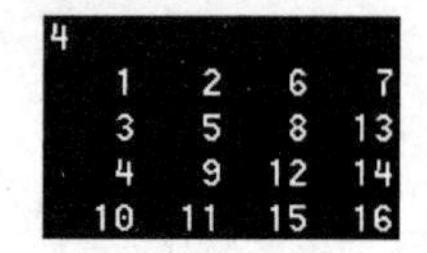

```
4
   1   2   6   7
   3   5   8  13
   4   9  12  14
  10  11  15  16
```

【程序分析】

算法设计：设二维数组 a 用于填数，变量 x 表示行，变量 y 表示列，从 x=1，y=1 开始填入数字 1，然后观察可发现斜线下标变化的规律，即当 x+y 的和为奇数时，x=x+1，y=y−1；当 x+y 的和为偶数时，x=x−1，y=y+1。操作步骤如下。

(1) 数组 a 用于蛇形填数。

(2) 循环填数 1～n×n。

(3) 当 x+y 的和为奇数时，x=x+1，y=y−1，还须处理当填数填到行、列边缘时的情况。

(4) 当 x+y 的和为偶数时，x=x−1，y=y+1，还须处理当填数填到行、列边缘时的情况。

(5) 输出蛇形方阵。

注意：本例题使用了 setw()函数输出蛇形方阵，只是为了便于观察输出结果。如果需要在线提交程序，即在网站(http://noi.openjudge.cn/)上提交程序，无须使用 setw()函数输出蛇形方阵，否则系统会提示提交错误(Presentation Error)，此时仅需将程序中的第 20 行的语句 cout<<setw(4)<<a[i][j]；修改为 cout<<a[i][j]<< " "；。

实践园

请尝试使用第 78 课中模拟法完成例 79.1 的蛇形填数。

第 80 课　Z 形填数

掌握二维数组之数字方阵的应用。

【例 80.1】　在 $n \times n$ 方阵中填入 1,2,3,4,…,$n \times n$（$n \leqslant 20$），要求填成 Z 字形。当 $n=4$ 时，方阵如图 80.1 所示。

1	2	4	7
3	5	8	11
6	9	12	14
10	13	15	16

图　80.1

【参考程序】

```
#include<iostream>
#include<iomanip>
using namespace std;
int a[26][26];
int main()
{   int x,y,n,num=1;
    cin>>n;
    for(int i=1;i<=n;i++)     //按对角线填写方阵上半部分
    { x=1;y=i;                //初始位置
      for(int j=1;j<=i;j++)  //第i条对角线上有i个数
        a[x++][y--]=num++;    //当前填数位置及下个位置的变化
    }
    int count=n*n;
    for(int i=1;i<n;i++)     //按对角线填写方阵下半部分
    { x=n;y=n-i+1;           //初始位置
      for(int j=1;j<=i;j++) //第i条对角线上有i个数
        a[x--][y++]=count--;//当前填数位置及下个位置的变化
    }
    for(x=1;x<=n;x++)        //输出Z形方阵
    { for(y=1;y<=n;y++)
        cout<<setw(4)<<a[x][y];
      cout<<endl;
    }
    return 0;
}
```

【运行结果】

```
5
    1    2    4    7   11
    3    5    8   12   16
    6    9   13   17   20
   10   14   18   21   23
   15   19   22   24   25
```

【程序分析】

算法设计：设二维数组 a 用于填数，变量 x 表示行，变量 y 表示列，按对角线进行填数，以主对角线为分界线，将方阵分为左上和右下两部分。

先从左上部分开始填数，左上部分共有 n 条次对角线，从 x=1，y=1 开始填数，然后下一个填数位置的变化方式为 x=x+1，y=y−1。

再从右下部分开始填数，右下部分共有 $n-1$ 条次对角线，从 x=n，y=n 开始填数，然后下一个填数位置的变化方式为 x=x−1，y=y+1。

操作步骤如下。

(1) 将数组 a 用于存放 Z 形方阵；

(2) 从左上部分开始填数，按对角线填数，初始位置为 a[1][1]（即第 1 条次对角线），第 i 条对角线上有 i 个需要填的数，每次填数位置的变化方式为 x=x+1，y=y−1，以此类推，直到第 n 条主对角线上填数完成，即左上部分方阵填数完成。继续按对角线填数方式，进行右下部分方阵填数。

(3) 从右下部分开始填数，仍然按对角线填数，但是填数初始位置反过来，即从 a[n][n]开始填数，第 i 条对角线上有 i 个需要填的数，每次填数位置的变化方式为 x=x−1，y=y+1，以此类推，直到第 $n-1$ 条次对角线上填数完成，即右下部分方阵填数完成。Z 形方阵填数完成。

(4) 输出 Z 形方阵。

程序中的第 11 行语句 a[x++][y−−]=num++；是 a[x][y]=num++；x++，y−−的简写语句。同样地，程序中的第 18 行也是简写语句。

实践园

拐角方阵。在 $n \times n$ 方阵中填入 1，2，3，4，…，$n \times n$（$n \leqslant 20$），要求填成拐角形。当 $n=4$ 时，方阵如图 80.2 所示。

1	1	1	1
1	2	2	2
1	2	3	3
1	2	3	4

图 80.2

Chapter 9

第9章

字符数组

在C++语言中,字符串有以下三种形式。

第一种形式是直接用双引号括起来的字符串,也称为字符串常量。如"Hello,world! ""I love C++"等。

第二种形式是存放在字符数组中的字符串。字符数组中包含一个字符串结束符'\0'。

第三种形式是string类型。string类型专门用于处理字符串。

本章将重点介绍存放在字符数组中的字符串以及一些常用的字符串函数,同时还将简单介绍专门用于处理字符串的string类型。

第81课 字符类型

(1) 理解字符类型的含义。

(2) 学会字符输入函数、输出函数的使用。

字符类型是由一个字符组成的字符常量或字符变量。

1. 字符常量的定义

```
const 字符常量 = '字符';
```

例如：

```
const char CH = 'a';
```

2. 字符变量的定义

```
char 字符变量;
```

例如：

```
char ch = 'A';
```

字符类型是有序类型，字符的大小顺序是由其对应的ASCII码值决定的。

ASCII码即美国信息交换标准代码，是基于拉丁字母的一套计算机编码系统。ASCII码使用指定的7位或8位二进制数组合来表示128或256种可能的字符。

在ASCII码中，0～31及127(共33个)是控制字符或通信专用字符，32～126(共95个)是可显示字符，即在键盘上可以找到的字符，后128个字符称为扩展ASCII码。

在ASCII码中，数字'0'～'9'的ASCII码值为48～57；大写字母'A'～'Z'的ASCII码值为65～90；小写字母'a'～'z'的ASCII码为97～122。

C++标准函数库中提供了多种标准输入/输出函数(除了前面学过的流输入/输出cin/cout和格式化输入/输出scanf/printf外)，下面将介绍一种字符输入/输出函数。

3. 字符输入函数 getchar()

getchar()函数是接收从键盘输入的单个字符数据。

getchar()函数的一般格式如下：

```
getchar();
```

例如：

```
char ch1 = getchar();    //表示从键盘输入一个字符赋给字符变量 ch1
```

4. 字符输出函数 putchar()

putchar()函数是指(在屏幕上)输出单个字符数据。

putchar()函数的一般格式如下:

```
putchar(ch);
```

【说明】 ch 为一个字符变量或字符常量。

例如:

```
putchar('A');    //表示输出一个字符 A
```

【例 81.1】 按字母表顺序依次输出大写字母,字母之间以一个空格符隔开。

【参考程序】

```
1  #include<iostream>
2  using namespace std;
3  int main()
4  {
5      char ch;
6      for(ch='A';ch<='Z';ch++)          //字符类型是有序类型
7        cout<<ch<<' ';
8      return 0;
9  }
```

【运行结果】

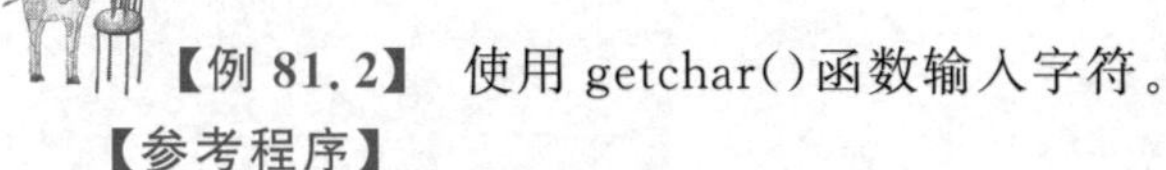

A B C D E F G H I J K L M N O P Q R S T U V W X Y Z

【程序分析】

程序中的第 6 行,在 for 语句中使用了字符变量当作循环控制变量。因此,在编写程序时,我们要充分利用"字符类型是有序类型"这一特性来解决实际问题。

【例 81.2】 使用 getchar()函数输入字符。

【参考程序】

```
1  #include<iostream>
2  using namespace std;
3  int main()
4  {
5      char ch1=getchar();               //输入字符
6      char ch2=getchar();
7      cout<<"ch1="<<ch1<<endl;
8      cout<<"ch2="<<ch2<<endl;
9      return 0;
10 }
```

【运行结果 1】

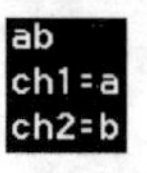

【运行结果 2】

```
a bcd
ch1=a
ch2=
```

【程序分析】

一个 getchar()函数只能接收一个字符，如果输入多个字符，只接收第一个字符。

当程序中有多个 getchar()函数，应该一次性输入所有的字符，最后按回车键结束，如运行结果 1；否则，会把空格或回车当成字符传给后面的 getchar()函数，如运行结果 2，将空格传给第二个 getchar()函数。

【例 81.3】 使用 putchar()函数输出字符。

【参考程序】

```
1  #include<iostream>
2  using namespace std;
3  int main()
4  {
5      char ch1,ch2,ch3,ch4,ch5;
6      ch1='H';
7      ch2='e';
8      ch3='l';
9      ch4='o';
10     ch5='!';
11     putchar(ch1);                  //输出字符
12     putchar(ch2);
13     putchar(ch3);
14     putchar(ch3);
15     putchar(ch4);
16     putchar(ch5);
17     return 0;
18 }
```

【运行结果】

```
Hello!
```

【程序分析】

一个 putchar()函数只能输出一个字符，如果要输出字符串，则需要多次调用 putchar()函数。

实践园

使用 getchar()与 putchar()函数实现小写字母转换为大写字母。

【样例输入】

```
a
```

【样例输出】

```
A
```

第82课 字符数组

(1) 理解字符数组的含义。

(2) 掌握字符数组的定义、引用以及初始化。

数组中元素类型为字符型时,称为字符数组。字符数组是用来存放字符序列或字符串的。字符数组也有一维、二维之分。

1. 字符数组的定义

字符数组的定义与其他数据类型的数组定义相似。

字符数组的一般格式如下:

```
char 数组名[常量表达式];
char 数组名[常量表达式 1][常量表达式 2];
```

例如:

```
char a[5];       //表示 a 是一个具有 5 个字符元素的一维字符数组
```

例如:

```
char b[3][4];    //表示 b 是一个具有 12 个字符元素的二维字符数组
```

2. 字符数组的引用

字符数组的引用与其他数据类型的数组引用相似。

字符数组元素的引用格式如下:

```
数组名[下标];
数组名[下标 1][下标 2];
```

例如:

```
a[9];       //表示字符数组 a 的第 10 个元素
```

例如:

```
b[3][4];    //表示字符数组 b 的第 4 行第 5 列的元素
```

3. 字符数组的初始化

(1) 使用字符初始化数组。

例如:

```
char a[7] = {'H','e','l','l','o','!'};    //长度 7 可以省略。如果初始值个数小于 6,剩余元素默认
                                          //为空字符
```

(2) 使用字符串初始化数组。

例如：

```
char b[7] = {" world!" };    //字符个数应小于 7,此处{}可省略
```

例如：

```
char c[3][4] = {" abc"," efg"," ijk" };    //3 个字符串的长度应小于 4
```

注意：使用字符串初始化数组时，系统会自动在其末尾添加结束符'\0',因此字符串的长度应小于字符数组的长度或等于字符数组长度减 1。

(3) 使用数组元素逐个赋值。

例如：

```
char d[4]; d[0] = '1'; d[1] = '2'; d[2] = '3';
```

【例 82.1】 阅读下列程序。

```
1  #include<iostream>
2  using namespace std;
3  int main()
4  {
5      char a[7]={'H','e','l','l','o',','};      //字符初始化
6      char b[7]="world!";                       //字符串初始化
7      char c[3][4]={"abc","efg","ijk"};         //字符串初始化
8      char d[4];
9      d[0]='x',d[1]='y',d[2]='z';               //逐个赋值
10     for(int i=0;i<6;i++)
11       cout<<a[i];
12     for(int i=0;i<6;i++)
13       cout<<b[i];
14     cout<<endl;
15     for(int i=0;i<3;i++)
16     {
17         for(int j=0;j<3;j++)
18           cout<<c[i][j];
19         cout<<endl;
20     }
21     for(int i=0;i<3;i++)
22       cout<<d[i];
23     return 0;
24 }
```

【运行结果】

```
Hello,world!
abc
efg
ijk
xyz
```

【程序分析】

程序中的第6、7行是字符串初始化，其占用字节数等于字符串的字节数加1，增加的一个字节用于存放字符串结束标志'\0'。

例如：字符'a'占一个字节，而字符串"a"占两个字节。

因此，须特别注意字符数组元素的大小应大于字符个数。

实践园

阅读程序，写出结果。

```
#include<iostream>
using namespace std;
int main()
{
    char ch[11];
    int i;
    ch[0] = 'a' - 1;
    for(i = 1;i < 11;i++)
    {
      ch[i] = ch[i - 1] + 1;
      cout << ch[i]<< " ";
    }
    return 0;
}
```

第83课 字 符 串

(1) 理解字符串的含义。

(2) 掌握字符串的输入与输出。

1. 字符串的基本概念

(1) 双引号引起来的一串字符,称为字符串。

例如:表 83.1 所示的"abc123"。

表 83.1

系统自动加入的结束符

a	b	c	1	2	3	\0

(2) 字符串的特点:系统会自动在有效字符末尾添加字符串结束符,即添加'\0'。

(3) 使用字符串为字符数组初始化。(第 82 课中已有介绍)

例如:

```
char a[13] = {"How are you?"};
```

或者

```
char a[13] = "How are you?";
```

例如:

```
char b[3][5] = {"I","love","C++!"};
```

2. 字符串的输入

假设定义一个字符数组 char ch[100]。

(1) cin>>ch;

(2) scanf("%s",ch);

(3) gets(ch);

【说明】 cin 和 scanf 语句仅能获取空格前的内容,即读到空格就结束。

例如:从键盘上分别输入 How are you?,cin 和 scanf 语句则仅能获取第一个单词 How。注意 scanf 语句输入字符串时,字符串名称之前不加取地址符 &,如 scanf("%s",&ch);就是错误的格式。

gets 语句的一般格式如下：

```
gets(字符串名称);
```

gets 语句是从光标开始的地方读到换行符才结束，也就是说读入的是一整行字符串。如从键盘输入字符串“How are you?”，gets 语句获取的结果就是字符串“How are you?”。

3. 字符串的输出

假设定义一个字符数组 char ch[100]。

(1) cout<<ch；

(2) printf("%s",ch)；

(3) puts(ch)；

【说明】

(1) cout 和 printf 语句输出字符数组 ch 中的字符串。

(2) puts 语句的一般格式如下：

```
puts(字符串名称);
```

puts 语句输出一个字符串和一个换行符。也就是说语句 cout<<ch<<endl；或 printf("%s\n",ch)；与 puts(ch)是等价的。

【例 83.1】 使用 cin 和 scanf 语句分别读入字符串。

```
1  #include<iostream>
2  using namespace std;
3  int main()
4  {
5
6      char ch1[100],ch2[100];
7      cin>>ch1;              //输入字符串时，直接使用数组名
8      scanf("%s",ch2);       //输入字符串时，直接使用数组名
9      cout<<ch1<<endl;
10     printf("%s",ch2);
11     return 0;
12 }
```

【运行结果】

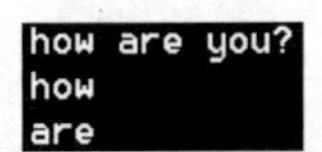

```
how are you?
how
are
```

【程序分析】

从运行结果可以看出，输入了三个单词，cin 获取了第一个单词，scanf 获取了第二个单词。cin 和 scanf 不能获取空格符后面的内容，即读到空格就结束。

【例 83.2】 使用 gets 和 puts 语句输入输出字符串。

```
1  #include<iostream>
2  using namespace std;
3  int main()
4  {
5
6      char a[100];
7      gets(a);            //输入字符串
8      puts(a);            //输出字符串
9      return 0;
10 }
```

【运行结果】

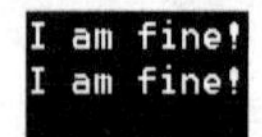

【程序分析】

从运行结果可以看出,gets 语句输入的是一行字符串,puts 语句输出一个字符串和一个换行符。

实践园

说说三种输入/输出语句的区别。

第 84 课　大小写转换

学会 gets 和 puts 语句的使用。

【例 84.1】 编程实现将一个英文句子中的所有小写字母转换成大写形式。

【样例输入】

```
C++ is interesting for us!
```

【样例输出】

```
C++ IS INTERESTING FOR US!
```

【参考程序】

```
1  #include<iostream>
2  using namespace std;
3  int main()
4  {
5      char s[100];
6      int i;
7      gets(s);                   //输入字符串
8      for(i=0;s[i]!='\0';i++)   //终止条件为字符串结束符 '\0'
9        if(s[i]>='a'&&s[i]<='z')
10         s[i]=s[i]-'a'+'A';     //小写转成大写
11     puts(s);
12     return 0;
13 }
```

【运行结果】

```
C++ is interesting for us!
C++ IS INTERESTING FOR US!
```

【程序分析】

从程序的第 8 行中可以看出，可以通过字符串结束符'\0'灵活处理程序。从运行结果可以看出，puts 语句输出的是一个字符串和一个换行符。

实践园

(1) 编程实现将字符串 a 的内容复制到字符串 b 中。

【样例输入】

```
I Love C++!
```

【样例输出】

```
I love C++!
```

（2）编程实现逐个比较两个字符串相应位置的字符大小，若完全相等，则输出“两个字符完全相等”；若不相等，则输出第一个不相等字符 ASCII 码的绝对值之差。

【样例输入】

```
abcd
abe
```

【样例输出】

```
两个字符串相差 2
```

第 85 课　字符串函数

掌握常用字符串处理函数的使用方法。

系统提供了一些字符串处理函数，用来为用户提供一些字符串的运算。常用的字符串处理函数如表 85.1 所示。

注：第 84 课中的例题和实践园中的题目均可以采用表格中的函数来解决问题。

表　85.1

函数格式	函数功能
strlen(str)	计算 str 的长度，不包括'\0'在内
strlwr(str)	将 str 中大写字母换成小写字母
strupr(str)	将 str 中小写字母换成大写字母
strcat(str1,str2)	将 str2 连接到 str1 后，返回 str1 的值
strncat(str1,str2,n)	将 str2 前 n 个字符连接到 str1 后，返回 str1 的值
strcpy(str1,str2)	将 str2 复制到 str1 中，返回 str1 的值
strncpy(str1,str2,n)	将 str2 前 n 个字符复制到 str1 中，返回 str1 的值
strcmp(str1,str2)	比较 str1 和 str2 的大小，从左至右逐个字符比较 ASCII 码值，直到出现不相同字符或遇到'\0'为止。 str1 小于 str2 返回 −1(一个负整数)； str1 等于 str2 返回 0； str1 大于 str2 返回 1(一个正整数)
strncmp(str1,str2,n)	比较 str1 和 str2 的前 n 个字符进行比较，函数返回值的情况同 strcmp(str1,str2)

【使用说明】

表格中 str、str1、str2 均为字符串名称。使用以上函数，须包含头文件 #include<cstring>。

【例 85.1】 对给定的 10 个国家名，按其字母的顺序输出。

【样例输入】

```
China
Kenya
Japan
America
Singapore
Britain
Thailand
```

```
Malaysia
Italy
Canada
```

【样例输出】

```
America
Britain
Canada
China
Italy
Japan
Kenya
Malaysia
Singapore
Thailand
```

【参考程序】

```
1  #include<iostream>
2  #include<cstring>
3  using namespace std;
4  int main()
5  {
6      char name[11][50];  //字符数组name用于存放10个国家名
7      for(int i=1;i<=10;i++)
8        gets(name[i]);                          //输入10个国家名
9      for(int i=1;i<=9;i++)
10     {
11         int k=i;
12         for(int j=i+1;j<=10;j++)
13           if(strcmp(name[k],name[j])>0) //字符串比较函数
14             k=j;
15         if(k!=i)
16         swap(name[i],name[k]);      //交换name[i],name[k]
17
18     }
19     cout<<"按字母排序: "<<endl;
20     for(int i=1;i<=10;i++)
21       cout<<name[i]<<endl;
22     return 0;
23 }
```

【运行结果】

```
China
Kenya
Japan
America
Singapore
Britain
Thailand
Malaysia
Italy
Canada
按字母排序:
America
Britain
Canada
China
Italy
Japan
Kenya
Malaysia
Singapore
Thailand
```

【程序分析】

设计算法：使用前面学过的选择排序法解决问题，与前面不同是，该例题是对字符串进行排序。

在程序的第13行中，使用了字符串比较函数，须包含头文件#include<cstring>。第16行交换函数同样适用于字符串的交换，此条语句也可以使用字符串复制函数实现，如下。

设临时字符数组变量t[50]，有

```
strcpy(t,name[i]);
strcpy(name[i],name[k]);
strcpy(name[k],t);
```

使用字符串复制函数时，字符串结束符'\0'也一同复制。

实践园

统计数字字符个数。输入一行字符，统计出其中数字字符的个数。

注：题目出自 http://noi.openjudge.cn 中 1.7 编程基础之字符串/01。

输入：一行字符串，总长度不超过255。

输出：输出为1行，输出字符串里面数字字符的个数。

【样例输入】

```
Peking University was set up in 1898.
```

【样例输出】

```
4
```

第 86 课　石头剪刀布

掌握字符串的应用。

【例 86.1】 石头剪刀布是一个猜拳游戏。它起源于中国,然后传到日本、朝鲜等国家,随着亚欧贸易的不断发展传到了欧洲,到了近现代逐渐风靡世界。简单明了的规则使石头剪刀布游戏没有任何规则漏洞,单次玩法比拼运气,多回合玩法比拼心理博弈,使得石头剪刀布这个古老的游戏同时具有“意外”与“技术”两种特性,深受世界人民喜爱。

游戏规则:石头打剪刀,布包石头,剪刀剪布。

现在,请编写一个程序判断石头剪刀布游戏的结果。

提示:Rock 是石头,Scissors 是剪刀,Paper 是布。

注:题目出自 http://noi.openjudge.cn 中 1.7 编程基础之字符串/04。

输入:输入包括 $N+1$ 行。

第一行是一个整数 N,表示一共进行了 N 次游戏,$1\leqslant N\leqslant 100$。

接下来 N 行的每一行包括两个字符串,表示游戏参与者 Player1、Player2 的选择(石头、剪刀或者布)S1、S2,字符串之间以空格隔开,S1、S2 只可能在{ "Rock","Scissors","Paper"}取值(大小写敏感)。

输出:输出包括 N 行,每一行对应一个胜利者(Player1 或者 Player2),或者游戏出现平局,则输出 Tie。

【样例输入】

```
3
Rock Scissors
Paper Paper
Rock Paper
```

【样例输出】

```
Player1
Tie
Player2
```

【参考程序】

```
1 #include<iostream>
2 using namespace std;
3 int main()
```

```
 4 {
 5     int n,i,j,k;
 6     char a[101],b[101];
 7     cin>>n;
 8     for(i=1;i<=n;i++)
 9     {
10       cin>>a>>b;                    //分别输入字符串a和b
11     if(a[0]=='R'&&b[0]=='S'
12        ||a[0]=='S'&&b[0]=='P'
13        ||a[0]=='P'&&b[0]=='R')      //只需判断第一个字母
14       cout<<"Player1"<<endl;
15     else if(a[0]==b[0])
16           cout<<"Tie"<<endl;
17         else
18           cout<<"Player2"<<endl;
19     }
20     return 0;
21 }
```

【运行结果】

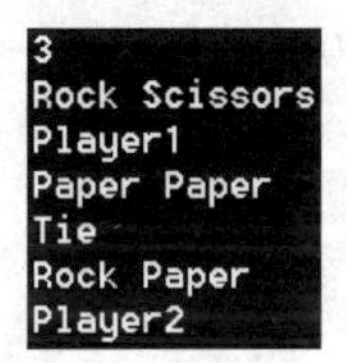

【程序分析】

程序中的第10行使用了cin语句分别输入两个字符串，字符数组的引用方法与其他类型数组的引用方法相同，如第11～15行中，a[0]和b[0]分别表示字符串a和b的第一个字符。

实践园

密码翻译。在情报传递过程中，为了防止情报被截获，往往需要对情报用一定的方式加密，简单的加密算法虽然不能完全避免情报被破译，但仍然能防止情报被轻易地识别。我们给出一种最简的加密方法，对给定的一个字符串，把其中从a～y、A～Y的字母用其后继字母替代，如把z和Z用a和A替代，其他非字母字符不变，则可得到一个简单的加密字符串。

注：题目出自http://noi.openjudge.cn中1.7编程基础之字符串/09。

输入：输入一行，包含一个字符串，长度小于80个字符。

输出：输出每行字符串的加密字符串。

【样例输入】

```
Hello! How are you?
```

【样例输出】

```
Ifmmp! Ipxbsfzpv?
```

第 87 课　判断回文串

掌握字符串的应用。

【例 87.1】 判断字符串是否为回文。输入一个字符串,输出该字符串是否为回文串的判断结果。回文是指顺读和倒读都一样的字符串。

注:题目出自 http://noi.openjudge.cn 中 1.7 编程基础之字符串/33。

输入:输入为一行字符串(字符串中没有空格,字符串长度不超过 100)。

输出:如果字符串是回文串,输出 yes;否则,输出 no。

【样例输入】

```
abcdedcba
```

【样例输出】

```
yes
```

算法 1:

【参考程序 1】

```
1  #include<iostream>
2  #include<cstring>              //使用strlen,须调用cstring库
3  using namespace std;
4  char s[105];
5  int main(){
6      cin>>s;
7      int n=strlen(s);           //计算字符串s的长度
8      bool flag=1;
9      for (int i=0;i<n/2;i++)
10         if (s[i]!=s[n-1-i]) //首尾开始,逐对比较
11             flag=0;
12     if (flag) cout<<"yes";
13      else cout<<"no";
14     return 0;
15 }
```

【运行结果】

```
abcdedcba
yes
```

【程序分析】

算法设计:从字符串的首尾开始,逐对向中间进行比较。在比较过程中,使用布尔变量

flag 作为标记,一旦发生不相等,将 flag 置为 0(flag 初值为 1)。如果比较结束后,flag 仍为 1,则说明是回文串;否则,不是回文串。

算法 2:

【参考程序 2】

```
1  #include<iostream>
2  #include<cstring>            //使用strlen,须调用cstring库
3  using namespace std;
4  char s[105];
5  int main(){
6      cin>>s;
7      int i,j;
8      i=0;                        //首位置
9      j=strlen(s)-1;              //尾位置
10     while(i<j&&s[i]==s[j])
11     {
12         i++;
13         j--;
14     }       //如果不是回文串则退出while循环,则i一定小于j
15     if(i>=j) cout<<"yes"<<endl; //大于等于i,必定是回文串
16       else cout<<"no"<<endl;    //反之不是回文串
17     return 0;
18 }
```

【运行结果】

```
abcdedcba
yes
```

【程序分析】

算法设计:使用 i 和 j 两个变量分别记录首尾位置,从字符串的首尾同时向中间比较,一旦出现 s[i]!=s[j],说明不是回文串,便退出 while 循环,此时 i 必定小于 j;反之,是回文串,此时 i 必定大于等于 j。

实践园

输入一个字符串,输出字符串中小写字母、大写字母以及数字字符出现的次数。

【样例输入】

```
AsDfeg2H3j9p
```

【样例输出】

```
6 3 3
```

第 88 课　校名的缩写

掌握二维字符数组的应用。

【例 88.1】　输入一个整数 n 和一行字符串，n 代表这一字符串含有的 n 个单词，字符串表示一所学校的英文名称。要求输出这所学校的英文名称缩写，即输出这 n 个单词的大写首字母。

【样例输入】

```
6
Nanjing foreign language School xianlin campus
```

【样例输出】

```
NFLSXC
```

【参考程序】

```
1  #include<iostream>
2  using namespace std;
3  char s[105][105];
4  int n;
5  int main(){
6      cin>>n;
7      for (int i=0;i<n;i++)
8        cin>>s[i];                 //输入n个字符串
9      for (int i=0;i<n;i++)
10         if (s[i][0]>='a')        //如果是小写，则换成大写
11         {
12             s[i][0]-=32;
13             cout<<s[i][0];
14         }
15         else
16           cout<<s[i][0];
17     return 0;
18 }
```

【运行结果】

```
6
Nanjing foreign language School xianlin campus
NFLSXC
```

【程序分析】

该例题是二维字符数组的应用，注意程序的第 8 行，s[i]表示第 i 行的字符串，也就是输

入行坐标为 i 的字符串。

实践园

输入一个正整数 n 和 n 个字符串,将它们用符号"-"拼接起来。

【样例输入】

```
3
abcefgxyz
```

【样例输出】

```
abc-efg-xyz
```

第 89 课 string 类型

理解 string 类型及其应用。

在使用字符数组存放字符串时，有时会发生难以察觉的数组越界错误。因此，C++提供了另外一种数据类型——string 类型，专门用于字符串处理。使用 string 类型须包含头文件＃include<string>。

注意：不是＃include<cstring>。

1. string 类型的定义和初始化

```
string str1;                      //定义 string 类型 str1,并初始化为空
string name = "wang fang";        //定义 string 类型 name,并初始化为"wang fang"
string s("abc");                  //定义 string 类型 s,并初始化为"abc"
string c(10, "@" );               //定义 string 类型 c,并初始化为 10 个@
```

与字符数组不同的是，一个 string 类型的大小是固定的，即 sizeof(string)的值是固定的，这个固定值受不同编译器限制而有所不同，与其中存放的字符串长度无关。因此，不会出现数组越界的错误。

还可以定义 string 类型数组，如下所示：

```
string name[3] = {"zhangsan","lisi","wangwu"};     //定义 string 类型数组 name,并初始化
cout << name[1];                                   //输出 lisi
```

2. string 类型的输入输出

(1) string 类型可以使用 cin 和 cout 语句。它在输入 string 类型字符串时，会忽略开头的制表符、空格以及换行，当遇到空格或者换行表示字符串输入结束。

例如：

```
string s1, s2;
cin >> s1 >> s2;
cout << s1 << endl << s2 << endl;
```

注意：string 类型与字符数组不同，它输入的字符串可以是任意长度，其长度大小仅受计算机内存大小的限制。换句话说，就是在计算机内存允许的范围内，string 类型支持的字符串长度可以无限大。

(2) getline 语句的一般格式如下：

```
getline(cin,字符串名称);
```

getline 语句输入字符串是从光标开始的地方读到换行符才结束，它可以读入空格符。

例如：

```
string s;
getline(cin,s);
```

3. string 类型的赋值

string 类型之间可以相互赋值，也可以使用字符串常量和字符串数组的名字对 string 类型赋值。

例如：

```
string s1,s2 = "hello";                   //s1 为空,s2 初始化为 hello
s1 = s2;                                  //将 s2 赋值给 s1,赋值后 s1、s2 均为 hello
char name[20] = "hello,world";
s1 = name;                                //将 name 赋值给 s1,赋值后 s1 为 hello,world
```

4. string 类型的运算

string 类型之间可以用<、<=、==、>、>=运算符进行比较，还可以用+运算符将两个 string 类型相加，做字符串连接等运算。

例如：

```
string s1 = "hello,",s2 = "world",s3;
s3 = s1 + s2;              //s3 为 hello,world
s3 += "!";                 //s3 为 hello,world!
bool a = s1 < s2;          //a 为 true
char b = s1[1];            //将 s1 中下标为 1 的字符赋值给 b,即 b 为 e
s3[0] = 'H';               //s3 中下标为 0 的字符为'H'
```

【说明】 string 类型是按字符的 ASCII 码值大小进行比较的，如果比较的当前字符相等，则进行下一个字符的比较。如"Abc"小于"abc"，"abd"大于"abb"。

【例 89.1】 找第一个只出现一次的字符。给定一个只包含小写字母的字符串，请找出第一个仅出现一次的字符。如果没有，输出 no。

注：题目出自 http://noi.openjudge.cn 中 1.7 编程基础之字符串/02。

输入：一个字符串，长度小于 100000。

输出：输出第一个仅出现一次的字符，若没有，则输出 no。

【样例输入】

```
abcabd
```

【样例输出】

```
c
```

【参考程序】

```cpp
#include<iostream>
#include<string>
using namespace std;
int main()
{
    string s;
    cin>>s;
    for(int i=0;i<s.size();i++)
    {
        int t=0;
        for(int j=0;j<s.size();j++) //统计与s[i]相同的个数
          if(s[i]==s[j]) t++;        //相等则统计一次
        if(t==1)                     //只出现一次则输出
        {
            cout<<s[i];
            return 0;
        }
    }
    cout<<"no"<<endl;
    return 0;
}
```

【运行结果】

【程序分析】

string 类型中还提供了一些成员函数，可以很方便地实现一些功能，如在程序的第 8、11 行中，使用了 string 类型的成员函数 size()。调用成员函数方式为：变量名.成员函数名，如 s.size()，它返回的值是 s 的实际大小，也就是 s 的实际长度。

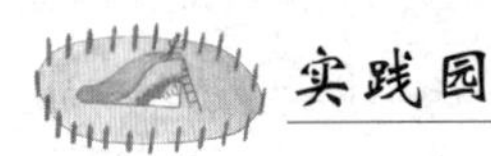

实践园

过滤多余的空格。一个句子中也许有多个连续空格，过滤掉多余的空格，只留下一个空格。

注：题目出自 http://noi.openjudge.cn 中 1.7 编程基础之字符串/23。

输入：一行，一个字符串（长度不超过 200），句子的头和尾都没有空格。

输出：过滤之后的句子。

【样例输入】

```
Hello       world.This is     C language.
```

【样例输出】

```
Hello world.This is C language.
```

第 90 课　string 成员函数

了解常用 string 类型的成员函数。

string 类型的成员函数有很多,这里仅介绍常用的 string 成员函数,如表 90.1 所示。

表　90.1

成员函数名	函数功能
s. length()	求字符串的长度,与 s. size()功能相同
s1. append(s2)	字符串的连接。 表示将字符串 s2 连接到字符串 s1 的后面,同 s1＋＝s2
s1. compare(s2)	字符串的比较。返回值: 小于 0,表示字符串 s1 小于字符串 s2,即 s1<s2; 等于 0,表示字符串 s1 等于字符串 s2,即 s1＝s2; 大于 0,表示字符串 s1 大于字符串 s2,即 s1>s2
s. substr(m,n)	求字符串的子串。表示求字符串 s 下标 m 开始的 n 个字符
s1. swap(s2)	交换字符串 s1 和字符串 s2 的内容
s1. insert(m,s2)	插入字符串。 表示在字符串 s1 下标为 m 的位置前插入 s2
s. erase(m,n)	删除子串。 表示删除字符串 s 下标 m 开始的 n 个字符
s1. replace(m,n,s2);	替换子串。 表示将字符串 s1 下标 m 开始的 n 个字符替换为字符串 s2 的内容
s1. find(s2,m);	查找子串和字符。 表示从字符串 s1 下标 m 开始查找子串 s2 第一次出现的位置

【使用说明】

表格中 s、s1、s2 均为 string 类型。使用以上成员函数,须包含头文件＃include<string>。

【例 90.1】 字符串移位包含问题。对于一个字符串来说,定义一次循环移位操作为:将字符串的第一个字符移动到末尾形成新的字符串。

给定两个字符串 s1 和 s2,要求判定其中一个字符串是否是另一个字符串通过若干次循环移位后得到的新字符串的子串。如 CDAA 是由 AABCD 两次移位后产生的新串 BCDAA 的子串,而 ABCD 与 ACBD 则不能通过多次移位得到其中一个字符串是新串的子串。

注: 题目出自 http://noi. openjudge. cn 中 1.7 编程基础之字符串/19。

输入: 一行,包含两个字符串,中间由单个空格隔开。字符串只包含字母和数字,长度不超过 30。

输出：如果一个字符串是另一字符串通过若干次循环移位产生的新串的子串，则输出 true；否则，输出 false。

【样例输入】

```
AABCD CDAA
```

【样例输出】

```
true
```

【参考程序】

```
1  #include<iostream>
2  #include<string>
3  using namespace std;
4
5  int main()
6  {
7      string s,s1;
8      char ch;
9      cin>>s>>s1;
10     if(s.size()<s1.size())          //等价于s.length()
11       s.swap(s1);                   //等价于swap(s,s1)
12     for(int i=0;i<s.size();i++)
13     {
14         ch=s[0];          //将s中的首个字符存放在ch中
15         s=s.erase(0,1);   //删除首字符
16         s+=ch;            //将首字符放到s的最后，实现移位
17         if(s.find(s1,0)!=-1)        //在s中查找子串s1
18         {
19             cout<<"true"<<endl;
20             return 0;
21         }
22     }
23     cout<<"false"<<endl;
24     return 0;
25 }
```

【运行结果】

```
AABCD CDAA
true
```

【程序分析】

在程序的第 10、11、15、17 行中，分别调用了 string 的成员函数 size()、swap()、erase()、find()。其中，成员函数 find()的返回值为子串或字符在字符串中的位置(即下标)。如果查找不到子串和字符，则返回−1。但有时为了兼容 C++各种版本，会写成 string::npos。

string::npos 是 string 类型中定义的一个静态常量，可以将 s.find(s1,0)!=−1 改写成 s.find(s1,0)!=string::npos。

实践园

单词替换。输入一个字符串，以回车结束(字符串长度≤100)。该字符串由若干个单词

组成,单词之间用一个空格隔开,所有单词区分大小写。现需要将其中的某个单词替换成另一个单词,并输出替换之后的字符串。

注:题目出自 http://noi.openjudge.cn 中 1.7 编程基础之字符串/21。

输入:输入包括如下三行。

第一行是包含多个单词的字符串 s。

第二行是待替换的单词 a(长度≤100)。

第三行是 a 将被替换的单词 b(长度≤100)。

s、a、b 前后都没有空格。

输出:输出只有一行,将 s 中所有单词 a 替换成 b 之后的字符串。

【样例输入】

```
You want someone to help you
You
I
```

【样例输出】

```
I want someone to help you
```

Chapter 10

第10章

函数

在程序设计过程时，我们发现实现某一功能的程序段会被重复使用。如在一段长程序中，需要多次利用海伦公式求三角形的面积。如果在每次需要求三角形面积时，都把海伦公式的那段程序重新编写一遍，程序不但会变得烦琐复杂，还会造成内存空间的浪费。能否只编写一次海伦公式的程序段，就能实现随处可用呢？

本章将介绍的函数可以解决上述问题。当然，函数的功能不仅是可以减少重复工作。当遇到需要编写一个庞大且复杂的程序时，想要从头至尾一下子编写出来是非常困难的。一般情况下，会将这个庞大且复杂的问题分解成多个相对简单的子问题，子问题又可以进一步分解成更小的子问题……一个个子问题就可以用一个个函数实现，这也就是模块化编程的思想。

第 91 课　函数的概述

(1) 理解函数的含义以及引入函数的作用。

(2) 熟知常用的库函数。

1. **函数**(function)

“函数”这个词是从英文 function(意为功能)翻译而来,即一个函数能实现一个特定的功能。

一个 C++程序无论大小,都由一个或多个函数构成,而且其中有且仅有一个主函数 main()。主函数可以调用其他函数,其他函数也可以相互调用。同一个函数可以被一个或多个函数多次调用。

【例 91.1】 已知六边形的各边边长以及对角线长度,求六边形面积。

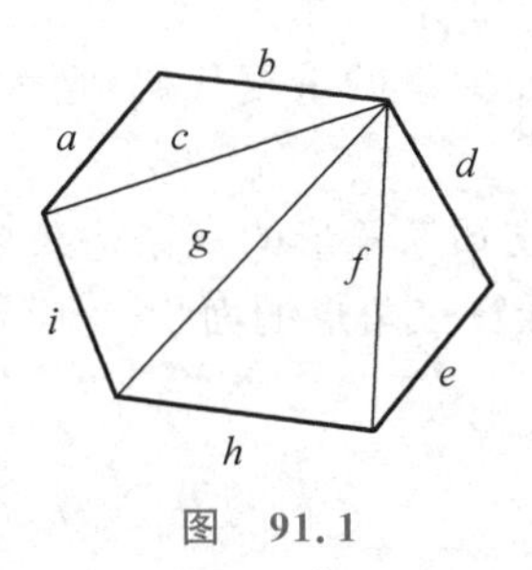

图　91.1

【参考程序 1】

```
1  #include<iostream>
2  #include<cmath>                      //使用sqrt(),须调用cmath库
3  using namespace std;
4  int main()
5  {
6      double a,b,c,d,e,f,g,h,i;
7      cin>>a>>b>>c>>d>>e>>f>>g>>h>>i;
8      double c1,c2,c3,c4;
9      double s1,s2,s3,s4,s;
10     c1=(a+b+c)/2;
11     c2=(c+g+i)/2;
12     c3=(f+g+h)/2;
```

```
13      c4=(d+e+f)/2;
14      s1=sqrt(c1*(c1-a)*(c1-b)*(c1-c));          //海伦公式
15      s2=sqrt(c2*(c2-c)*(c2-g)*(c2-i));
16      s3=sqrt(c3*(c3-f)*(c3-g)*(c3-h));
17      s4=sqrt(c4*(c4-d)*(c4-e)*(c4-f));
18      s=s1+s2+s3+s4;
19      cout<<s<<endl;
20      return 0;
21  }
```

【运行结果】

```
3 4 6 5 4 6 7 5 5
44.6481
```

【程序分析】

从图 91.1 中可以看出，三条对角线将六边形分成了四个三角形，求六边形面积就是求四个三角形面积之和。可以使用海伦公式计算每个三角形面积，公式如下：

$$\text{area}=\sqrt{p(p-a)(p-b)(p-c)}$$

其中，a、b、c 分别为三角形的三条边，$p=(a+b+c)/2$。公式中的平方根运算可以调用 cmath 库中的 sqrt()函数。

程序中的第 14～17 行分别计算了四个三角形的面积。第 18 行将四个三角形面积求和，得到六边形的面积。仔细观察会发现，程序中用矩形虚线框标出的代码相似，仅是代入的边长不同。对于六边形而言，三条对角线划分出了四个三角形，因此，计算了四次三角形面积。

如果是求一个 n 边形面积呢？

对角线会将 n 边形划分出 $n-2$ 个三角形，那么求三角形面积的代码需要重复 $n-2$ 次，显然会出现大量的重复代码，而大量的重复代码，会大大降低程序效率。那么应该怎么优化程序呢？

答案是用函数解决该问题。已知三角形的三条边长求其面积是个相对独立的功能，因此，可以编写一个 area 函数用于计算三角形的面积。

【参考程序 2】

```
1   #include<iostream>
2   #include<cmath>
3   using namespace std;
4
5   double area(double x,double y,double z)          //定义函数
6   {
7       double c,s;
8       c=(x+y+z)/2;
9       s=sqrt(c*(c-x)*(c-y)*(c-z));
10      return s;
11  }
12
13  int main()
14  {
15      double a,b,c,d,e,f,g,h,i,s;
16      cin>>a>>b>>c>>d>>e>>f>>g>>h>>i;
17      s=area(a,b,c)+area(c,g,i)+area(f,g,h)+area(d,e,f);
18      cout<<s<<endl;
19      return 0;
20  }
```

【程序分析】

矩形虚线框中定义了一个 area()函数,用于计算三角形面积。引入函数后,主函数变得简洁明了,程序的功能也一目了然。

在程序的第 17 行,分别调用了四次 area()函数,用于计算三角形面积。

2. 引入函数的作用

(1) 有利于代码重复使用,提高程序的效率。在编写程序时,常常会发现完成某一功能的程序段会被重复使用。此时,可以将这些程序段作为相对独立的整体,给它起一个函数名。在程序中出现该程序段的地方,只需要写上其函数名即可实现相应的功能。这样既可以减少重复代码的编写,也可以提高程序的效率。

(2) 模块化程序设计,便于阅读和管理。按照模块化程序设计思想,将一个程序划分成若干个函数(或程序)模块,每一个函数模块都完成一部分功能。不同的函数模块甚至可以交给不同的人合作完成,这样不仅方便编写与阅读、管理与调试等,还可以提高程序的效率。

3. 常用的库函数

C++中提供了很多常用的系统函数,常见的有以下几种。

(1) max(a,b)返回 a 和 b 中的较大值,头文件 algorithm。

(2) min(a,b)返回 a 和 b 中的较小值,头文件 algorithm。

(3) swap(a,b)交换 a 和 b 的值,头文件 algorithm。

(4) sqrt(x)返回 x 开根号后的值,返回值类型是 double,头文件 cmath。

(5) pow(x,y)返回 x^y,返回值类型是 double,头文件 cmath。

(6) abs(x)返回 x 的绝对值,返回值类型是 int,头文件 cmath。

(7) setw(n)设置输出域宽,n 表示字段宽度,头文件 iomanip。

这些系统提供的函数为我们编写程序提供了很大的方便。但这些函数只是常用的基本函数。在程序设计过程中,经常需要自定义一些函数来完成期待实现的功能。

实践园

说说引入函数的作用是什么。

第92课　函数的定义

掌握函数的定义与声明的方法。

虽然C++提供了很多常用的系统函数，但仍然无法满足所有用户的需求。所以，人们就会根据实际需求，自己编写相应的函数来实现特定的功能，我们将其称为“自定义函数”。

C++要求自定义函数必须“先定义，后调用”或“先声明，再调用，后定义”。函数的定义就是让编译器知道函数的功能，而函数的声明就是让编译器知道函数的名称、参数、返回值类型等信息。

1. 函数的定义

定义函数的一般格式如下：

```
数据类型 函数名(参数列表)
{
  函数体
}
```

【说明】

(1) 函数的数据类型就是函数的返回值类型。如果没有返回值，那么它的数据类型就是void。

(2) 函数名的命名规则和变量名的命名规则一样。一个好的函数名应当尽量做到“见名知义”。

(3) 参数列表中的参数可以是0个，也可以是多个。如果是多个参数，参数之间用逗号隔开。这里参数列表称为形式参数。

(4) 函数不允许嵌套定义(但允许嵌套使用)，即不允许在函数内部定义新的函数。

(5) 函数的返回值由return语句返回。如果函数不需要返回值，那么定义函数时可以将返回值类型写为void。

例如：

```
int add(int x,int y){
  return x + y;
}
```

该函数的返回值类型是int，并且有两个int型的参数。函数体内是一条return语句，表示从当前函数退出，并将x+y作为结果返回。

2. 函数的声明

声明函数的一般格式如下：

```
数据类型 函数名(参数列表);
```

【说明】

(1) 变量在使用前需要声明,函数在调用前也同样需要声明。

(2) 函数的定义也是声明的一种方式。在函数定义之后,可以直接调用这个函数。

(3) 如果在函数定义之前调用函数,就必须先声明这个函数。

(4) 在声明的最后要用分号作为语句的结束。

例如：

```
int add(int x,int y){
    return x + y;
}
```

这个函数的声明可以有如下形式：

```
int add(int x,int y);
int add(int,int);
int add(int x,int);(不推荐此方法)
```

【例 92.1】 输出下列星形三角形,如图 92.1 所示。

图 92.1

【参考程序 1】

```
1  #include<iostream>
2  #include<iomanip>
3  using namespace std;
4
5  void star();            //声明函数
6
7  int main()              //主函数
8  {
9      star();             //调用函数
10     star();
11     star();
12     return 0;
13 }
14
15 void star()             //定义函数
16 {
17     for(int i=1;i<=5;i++)
18     {
19         cout<<setw(10-i)<<' ';
20         for(int j=1;j<=2*i-1;j++)
21           cout<<'*';
22         cout<<endl;
23     }
24 }
```

【参考程序 2】

```
1  #include<iostream>
2  #include<iomanip>
3  using namespace std;
4
5  void star()             //定义函数
6  {
7      for(int i=1;i<=5;i++)
8      {
9          cout<<setw(10-i)<<' ';
10         for(int j=1;j<=2*i-1;j++)
11           cout<<'*';
12         cout<<endl;
13     }
14 }
15
16 int main()              //主函数
17 {
18     star();             //调用函数
19     star();
20     star();
21     return 0;
22 }
23
24
```

【程序分析】

参考程序 1 中的第 5 行声明了 star 函数(注意声明时以分号结尾),第 9～11 行分别调用了三次 star()函数,第 15～23 行定义了 star()函数。由此可见,该程序是在 star()函数定义之前调用该函数的,因此,必须提前声明这个函数。

参考程序 1 中使用 star()函数的方式是“先声明,再调用,后定义”。程序中的第 5 行定义了 star()函数。函数的定义也是声明的一种方式,在函数定义之后,可以直接调用这个函数。可见参考程序 2 中使用 star()函数的方式是“先定义,后调用”。

以上两种声明方式均可。

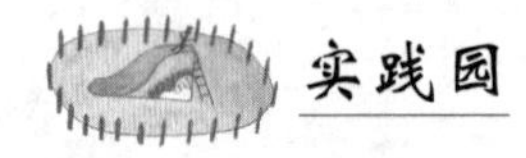

实践园

说说函数的定义和声明的区别。

第 93 课　函数的调用

(1) 掌握函数调用的形式。

(2) 理解调用与返回过程。

(3) 理解函数的嵌套调用。

在定义或声明完一个函数后,就可以在之后的程序中调用这个函数。函数调用是通过函数名进行的。

1. 函数调用

函数调用的一般格式如下:

```
函数名(参数列表);
```

【说明】

(1) 括号中的参数列表称为实际参数,是传递给调用函数的,必须严格对应函数定义(或声明)时的参数列表,包括数据类型、参数个数以及参数顺序。

(2) 参数列表(实际参数)可以是常量、表达式,也可以是已有确定值的变量、数组等。如果参数列表中包含多个参数,则各参数之间要用逗号隔开。调用无参函数时参数列表可以没有任何参数,但括号不能省略。

(3) 函数的定义不允许嵌套,但函数的调用可以嵌套,即在一个函数中可以调用其他的函数。

(4) 函数调用形式可以出现在表达式中。

例如:例 91.1 中 area()函数的调用就出现在表达式中,即

```
s = area(a,b,c) + area(c,g,i) + area(f,g,h) + area(d,e,f);
```

(5) 函数调用形式可以是语句。

例如:例 92.1 中 star()函数调用的就是一条独立的语句,即

```
star();
```

(6) 函数调用形式可以作为返回值出现在其他函数调用中。

例如:例 93.2 中 MaxValue(a,b)函数的调用返回了一个较大值后,该返回值作为一个实际参数又出现在其他函数调用中(此例题中的“其他函数”仍是 MaxValue(int x,int y)函数),即

```
MaxValue(MaxValue(a,b),c);
```

【例 93.1】 统计闰年。输入两个年份 x 和 y，统计并输出公元 x 年到公元 y 年之间的所有闰年(包括 x 年和 y 年)，$1 \leqslant x \leqslant y \leqslant 3000$。

输入：一行两个正整数，分别表示 x 和 y，之间用一个空格隔开。

输出：一行一个正整数，表示公元 x 年到公元 y 年之间的所有闰年数。

【样例输入】

```
2000 2020
```

【样例输出】

```
6
```

【参考程序】

```
1  #include<iostream>
2  using namespace std;
3
4  bool LeapYear(int n)          //定义函数
5  {
6      if(n%4==0&&n%100!=0||n%400==0)
7        return true;  //如果是闰年，将true作为函数的返回值
8      else
9        return false; //否则将false作为函数的返回值
10 }
11
12 int main()
13 {
14     int x,y,num=0;
15     cin>>x>>y;
16     for(int i=x;i<=y;i++)
17       if(LeapYear(i)) num++;  //函数调用作为判断表达式
18     cout<<num<<endl;
19     return 0;
20 }
```

【运行结果】

```
2000 2020
6
```

【程序分析】

程序中的第 4 行定义了一个用于判断是否为闰年的 LeapYear(int n)函数。在第 17 行中，调用了 LeapYear(i)函数，它返回了一个布尔类型的值，将该返回值作为 if 语句的判断表达式来记录闰年的年数。

2. 函数调用与返回过程

函数调用与返回过程如图 93.1 所示。

3. 嵌套调用

在 C++ 中，虽然不允许进行嵌套定义，但是可以嵌套调用函数。也就是说，在一个函数体内可以调用另外一个函数。

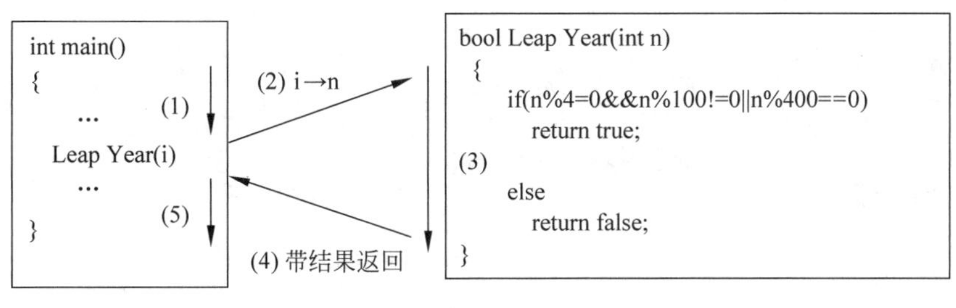

图 93.1

【例 93.2】 求三个整数 a、b、c 中最大的数。

```
1  #include<iostream>
2  using namespace std;
3
4  int MaxValue(int x,int y);  //声明函数
5
6  int main()
7  {
8      int a,b,c,m,n;
9      cin>>a>>b>>c;
10     cout<<MaxValue(MaxValue(a,b),c)<<endl;
11     //函数调用的返回值又作为MaxValue函数调用的实际参数
12     return 0;
13 }
14
15 int MaxValue(int x,int y)   //定义函数
16 {
17     if(x>y)
18       return x;            //如果x大，将x作为函数的返回值
19     else
20       return y;            //否则将y作为函数的返回值
21 }
```

【运行结果】

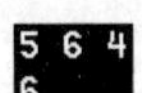

```
5 6 4
6
```

【程序分析】

程序中的第4行声明了函数MaxValue。如果函数调用在前，定义在后，则必须对函数进行声明。在第10行中，MaxValue(a，b)调用函数将a和b中的较大者作为函数的返回值，该返回值又作为一个实际参数来调用MaxValue(int x，int y)函数，即实现函数的嵌套调用。

实践园

输入一个整数 $n(1\leqslant n\leqslant 12)$，求出 $n!(n!=1\times 2\times 3\times\cdots\times n)$。要求定义一个函数来

计算阶乘。

【样例输入1】

```
2
```

【样例输出1】

```
2
```

【样例输入2】

```
10
```

【样例输出2】

```
3628800
```

第 94 课　函数的参数

(1) 理解形式参数与实际参数。

(2) 理解参数传递的方式。

在调用函数时,大多数情况下,主调函数和被调用函数之间会发生数据传递关系,函数的参数就是函数与函数之间实现数据传递的“接口”。

1. 形式参数与实际参数

(1) 形式参数。形式参数是指形式上存在的参数,简称形参。

在定义函数时的参数列表指的就是形式参数。

(2) 实际参数。实际参数是指实际存在的参数,简称实参。

在调用函数时的参数列表指的就是实际参数。也就是说,在实际调用函数时,传递给函数的参数的值。

【例 94.1】 给出平面上两个点的坐标,求两点之间的曼哈顿距离。

提示: 平面上 A 点(x_1,y_1)与 B 点(x_2,y_2)的曼哈顿距离为$|x_1-x_2|+|y_1-y_2|$($|x|$为 x 的绝对值),如图 94.1 所示。

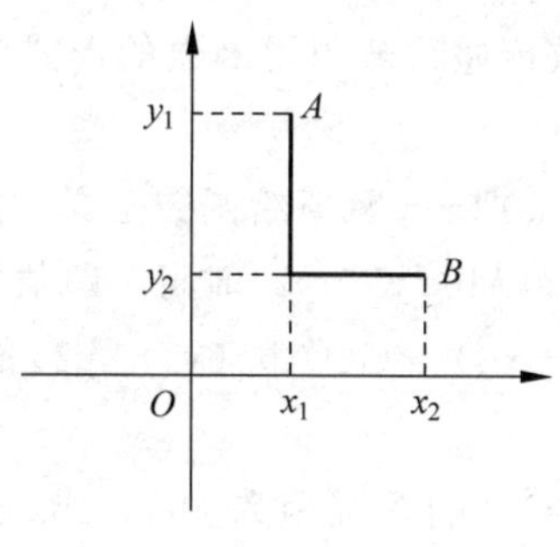

图　94.1

输入: 一行四个整数(100 以内),分别表示两点的坐标(x_1,y_1)和(x_2,y_2)。

输出: 一行一个整数,表示两点之间的曼哈顿距离。

【样例输入】

```
5 12 10 5
```

【样例输出】

12

【参考程序】

```
1  #include<iostream>
2  using namespace std;
3
4  double GetAbs(double x)                      //自定义求绝对值函数
5  {
6      if(x>0)
7        return x;
8      else
9        return -x;
10 }
11
12 int main()
13 {
14     double x1,y1,x2,y2,mht;
15     cin>>x1>>y1>>x2>>y2;
16     mht=GetAbs(x1-x2)+GetAbs(y1-y2); //调用函数
17     cout<<mht<<endl;
18     return 0;
19 }
```

【运行结果】

```
5 12 10 5
12
```

【程序分析】

程序中的第 15 行，输入 x1＝5，y1＝12，x2＝10，y2＝5。在第 16 行中，调用了函数 GetAbs(x1－x2)＋GetAbs(y1－y2)。首先计算参数 x1－x2＝－5，y1－y2＝7，这里的－5 和 7 就是实际参数。将实际参数传递给被调用函数的形式参数，程序执行跳到(第 4 行)被调用函数中。

调用 GetAbs(x1－x2)时就会把－5 赋值给函数定义时的形式参数 x，然后执行 GetAbs(－5)后返回 5。同样地，调用 GetAbs(y1－y2)时将 7 赋值给形参，然后执行 GetAbs(7)后返回 7。接着计算 GetAbs(x1－x2)＋GetAbs(y1－y2)的值为 5＋7＝12，再赋值给变量 mht。

当然，该例题可以直接调用 C++的系统函数 abs。abs 函数包含在库 cmath 中，调用时须包含头文件＃include＜cmath＞。

2. **参数传递**

(1) 传值调用。这种调用方式是将实参的数据传递给形参。函数在被调用时，将实参复制一个副本传递给形参，形参的值可以改变，但不会影响主调函数的实参值。也就是说，传值参数的传递方向只是从实参到形参的单向值传递。

【例 94.2】 采用传值参数的函数交换两个变量的值。

```
1  #include<iostream>
2  using namespace std;
3
4  int swap(int x,int y)    //自定义交换函数，形参是传值调用
5  {
6      int t=x;
7      x=y;
8      y=t;
9  }
10
11 int main()
12 {
13     int a,b;
14     cin>>a>>b;
15     swap(a,b);           //将实参的副本传值给形参
16     cout<<a<<" "<<b<<endl;
17     return 0;
18 }
```

【运行结果】

【程序分析】

从运行结果可以看出，虽然调用了 swap()函数，但 a 和 b 的值并未发生交换。这是因为 swap()函数的参数是单向传值参数，swap()函数在被调用时，将实参 a 和 b 的副本传递给形参 x 和 y，swap()函数中形参 x 和 y 的变化只是交换了实参 a 和 b 的副本，而实参 a 和 b 并没有被交换。

(2) 传址调用。这种调用方式是将实参变量的地址值传递给形参而非传递副本给形参。让形参直接指向实参，可以理解为实参和形参是共用一个内存地址。因此，修改定义函数中的形参，主调函数中的实参也会随之改变。也就是说，传址参数的传递方向是双向值传递。

【例 94.3】 采用传址参数的函数交换两个变量的值。

```
1  #include<iostream>
2  using namespace std;
3
4  int swap(int &x,int &y) //自定义交换函数，形参是传址调用
5  {
6      int t=x;
7      x=y;
8      y=t;
9  }
```

```
10
11 int main()
12 {
13     int a,b;
14     cin>>a>>b;
15     swap(a,b);          //将实参地址传值给形参
16     cout<<a<<" "<<b<<endl;
17     return 0;
18 }
```

【运行结果】

【程序分析】

从运行结果可以看出，调用swap()函数后，a和b的值发生了交换。这是因为swap()函数的参数是双向传址参数。在定义函数时，在形参名之前加上取址符号&，则该参数就是传址参数。在程序的第4行中，&x和&y分别是指将实参变量a和b的地址传递给形参x和y，在swap()函数中修改x和y的值相当于在主函数中修改a和b的值。

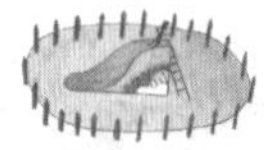

实践园

说说传值参数与传址参数的区别。

第 95 课　变量的作用域

(1) 理解变量的作用域。

(2) 掌握局部变量和全局变量的应用。

C++程序中的变量按作用域来分，有全局变量和局部变量两种。

1. 全局变量

在函数外部定义的变量称为全局变量。

(1) 全局变量的作用域是从变量定义的位置开始到整个程序结束。

(2) 全局变量在作用域内的所有函数中均可使用。

(3) 全局变量在定义时若未赋初值，则初值默认为 0。

2. 局部变量

在函数内部定义的变量称为局部变量。

(1) 局部变量的作用域是从变量定义的位置开始到(该变量所在)函数的程序结束。

(2) 局部变量只能在定义它的函数内部使用。

(3) 局部变量在定义时若未赋初值，则初值为一个随机的数(不一定是 0)。

(4) 当函数运行完之后，函数内的局部变量会被释放，下次调用该函数时，该局部变量会被重新定义。

(5) 局部变量的数组不能定义得很大，否则编译运行时会出错。如果要定义一个很大的数组，最好定义成全局变量。

注意：当局部变量和全局变量重名时，有以下两点需要注意。

(1) 在局部变量的作用域内使用时，得到的是局部变量的值。

(2) 在局部变量的作用域外使用时，得到的是全局变量的值。

【例 95.1】 阅读下列程序。

```
1  #include<iostream>
2  using namespace std;
3  int x;                          //定义全局变量
4
5  void func()
6  {
7      cout<<x<<endl;              //此处的x是全局变量的值
8      int x=2;                    //定义局部变量
9      cout<<x<<endl;              //此处的x是局部变量的值
10 }
```

```
11  int main()
12  {
13      x=1;
14      func();
15      cout<<x<<endl;                //此处的x是全局变量的值
16      return 0;
17  }
```

【运行结果】

【程序分析】

程序中的第 3 行定义了全局变量 x，所有函数均可以使用该全局变量 x。第 13 行将全局变量 x 赋值为 1。第 14 行调用了 func 函数，跳至第 7 行，输出全局变量 x 的值为 1。第 8 行定义了局部变量 x（与全局变量重名），局部变量优先于全局变量，因此第 9 行输出的是局部变量 x 的值，然后返回到主函数。第 15 行输出的是全局变量 x 的值。

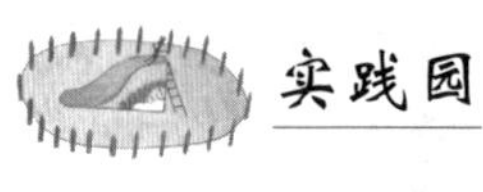

说一说全局变量和局部变量的区别。

第96课　哥德巴赫猜想

学会使用函数解决哥德巴赫猜想问题。

【例96.1】 哥德巴赫猜想：任何一个大于等于4的偶数总是可以分解为两个质数之和。两个世纪过去了，这一猜想既无法证明，也没有被推翻。现在请编写程序，验证4～1000内所有偶数满足哥德巴赫猜想。

【样例输入】

```
14
```

【样例输出】

```
4 = 2 + 2
6 = 3 + 3
8 = 3 + 5
10 = 3 + 7
12 = 5 + 7
14 = 3 + 11
```

【参考程序】

```
1  #include<iostream>
2  #include<cmath>
3  using namespace std;
4
5  bool prime(int x)                        //自定义判断质数的函数
6  {
7      for(int i=2;i<=sqrt(x);i++)
8        if(x%i==0) return false;
9      return true;
10 }
11
12 int main()
13 {
14     int i,j,k,n;
15     cin>>n;
16     for(k=4;k<=n;k+=2)
17         for(i=2;i<=k/2;i++)
18         {
19             j=k-i;
20             if(prime(i)&&prime(j)) //调用prime函数
21               { cout<<k<<"="<<i<<"+"<<j<<endl;
22                 break;
```

```
23            }
24        }
25    return 0;
26 }
```

【运行结果】

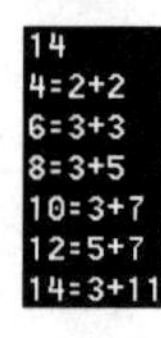
14
4=2+2
6=3+3
8=3+5
10=3+7
12=5+7
14=3+11

【程序分析】

设计算法：变量 k 从 4 到 n 开始一一验证。将每一个 k 拆分成 i+j 的形式，i 的范围是 2～k/2。如果 i 和 j 都是质数，说明对 k 验证成功，将其输出，然后再继续验证下一个数，到 n 为止(n≤1000)。自定义一个用于判断是否为质数的函数，需要使用时直接调用即可，这使得主函数的程序简洁易读，也是模块化设计程序的魅力所在。

实践园

(1) 两个相差为 2 的素数称为素数对，如 5 和 7，17 和 19 等。本题目要求找出所有两个数均不大于 n 的素数对。

注：题目出自 http://noi.openjudge.cn 中 1.12 编程基础之函数与过程抽象/10：素数对。

输入：一个正整数 n，$1 \leqslant n \leqslant 10000$。

输出：所有小于等于 n 的素数对。每对素数对输出一行，中间用单个空格隔开。若没有找到任何素数对，输出 empty。

【样例输入】

```
100
```

【样例输出】

```
3 5
5 7
11 13
17 19
29 31
41 43
59 61
71 73
```

(2) 输入两个正整数，编程计算两个数的最大公因数和最小公倍数。

【样例输入】

```
12 18
```

【样例输出】

```
6
36
```

第 97 课　寻找亲密数对

学会使用函数解决寻找亲密数对问题。

【例 97.1】 给定两个不同的正整数 a 和 b，如果 a 的真因数之和等于 b，b 的真因数之和等于 a，且 $a \neq b$，则 a 和 b 为一对亲密数，求 1～3000 之间的全部亲密数对。真因数是指包括 1，但不包括这个数本身的全部因数，如 6 的真因数有 1、2、3。

输出：输出若干行，每行有两个用一个空格隔开的正整数，表示一对亲密数。

【样例输出】

```
220 284
1184 1210
2620 2924
```

【参考程序】

```
1  #include<iostream>
2  using namespace std;
3  
4  int sum(int x)                      //自定义求真因数之和的函数
5  {
6      int s=0;
7      for(int i=1;i<=x/2;i++)
8          if(x%i==0) s+=i;
9      return s;
10 }
11 
12 int main()
13 {
14    int a,b;
15     for(a=1;a<=3000;a++)        //遍历1~3000之间的所有数
16     {
17         b=sum(a);               //将第a个数的真因数之和存放于b
18         if(sum(b)==a&&a!=b)     //判断b的真因数之和是否等于a
19           if(a<b&&b<=3000)      //保证一对亲密数只输出一次
20             cout<<a<<" "<<b<<endl;
21     }
22     return 0;
23 }
```

【运行结果】

```
220 284
1184 1210
2620 2924
```

【程序分析】

设计算法：按照亲密数的定义，要判断 a 是否有亲密数，只需要计算出 a 的全部真因子之和 b，即 b=sum(a)，再计算 b 的全部因子之和是否为 a，即判断 sum(b)是否为 a。

在程序的第 19 行中，为了确保一对亲密数只输出一次，加上判断条件 a<b，220 与 284 互为亲密数，只需输出一次，即输出 220，284。

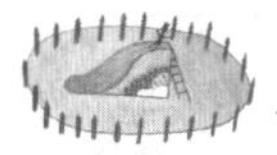

实践园

(1) 求 2～n(n≤1000)的所有完全数，也称完美数。完全数是真因子之和等于它本身的自然数，例如 6=1+2+3，所以 6 是一个完全数。请定义一个函数来判断每个数是否是完全数。

【样例输入】

```
30
```

【样例输出】

```
6 28
```

(2) 二进制分类。若将一个正整数化为二进制数，在此二进制数中，我们将数字 1 的个数多于数字 0 的个数的这类二进制数称为 A 类数，否则就称其为 B 类数。

注：题目出自 http://noi.openjudge.cn 中 1.13 编程基础之综合应用/36。

例如：

$(13)_{10}=(1101)_2$，其中 1 的个数为 3，0 的个数为 1，则称此数为 A 类数。

$(10)_{10}=(1010)_2$，其中 1 的个数为 2，0 的个数也为 2，称此数为 B 类数。

$(24)_{10}=(11000)_2$，其中 1 的个数为 2，0 的个数为 3，则称此数为 B 类数。

程序要求：求出 1～1000 之中(包括 1 与 1000)全部 A、B 两类数的个数。

输出：一行，包含两个整数，分别是 A 类数和 B 类数的个数，中间用单个空格隔开。

第98课 递归函数

(1) 理解递归函数的定义。

(2) 理解递归函数的递归调用。

(3) 理解递归算法与迭代算法。

1. 递归函数的定义

一个函数直接或间接调用了函数自身，则该函数被称为递归函数，即调用自身的函数称为递归函数。

递归函数一定要有一个或多个终止递归的条件，满足此条件时，函数就返回，不再调用自身；否则，递归函数将无休止地递归下去，导致栈溢出而使程序崩溃。

归纳起来，递归函数有以下两大要素。

(1) 递归公式：将需要求解的问题转化成本质相同但规模更小的子问题，再通过子问题的答案得到原问题的答案。

(2) 递归边界：必须要有一个明确的递归终止条件。换句话说，就是当子问题的规模足够小，可以直接计算出问题的答案时，就不需要再递归了，这就是递归的边界。

【例 98.1】 用递归函数 $f(n)$求 n 的阶乘。

阶乘函数 $f(n)=n!$ 可以定义为递归函数：

$$f(n)=\begin{cases}1 & (n=1)\\ n\times f(n-1) & (n>1)\end{cases}$$

其中，$f(1)$为递归边界，$f(n)=n\times f(n-1)$为递归公式。

【参考程序】

```
1  #include<iostream>
2  using namespace std;
3
4  long long f(int n)
5  {
6      if(n==1) return 1;          //递归终止条件（递归边界）
7      else
8        return n*f(n-1);          //递归公式
9  }
10
11 int main()
12 {
13     int n;
```

```
14      cin>>n;
15      cout<<f(n)<<endl;
16      return 0;
17  }
```

【运行结果】

【程序分析】

求 n 的阶乘具有明显的递归思想。

以 $f(4)$为例,要求出 $f(4)$,就要先求出 $f(3)$,因为 $f(4)=4\times f(3)$;而要求出 $f(3)$,又要先求出 $f(2)$,因为 $f(3)=3\times f(2)$;而要求出 $f(2)$,又要先求出 $f(1)$,因为 $f(2)=2\times f(1)$;而 $f(1)$是已经的边界条件,就是 1,再逐层返回,求出 $f(5)$。

2. 递归函数的调用过程

以调用 4 的阶乘 $f(4)$为例,如图 98.1 所示。

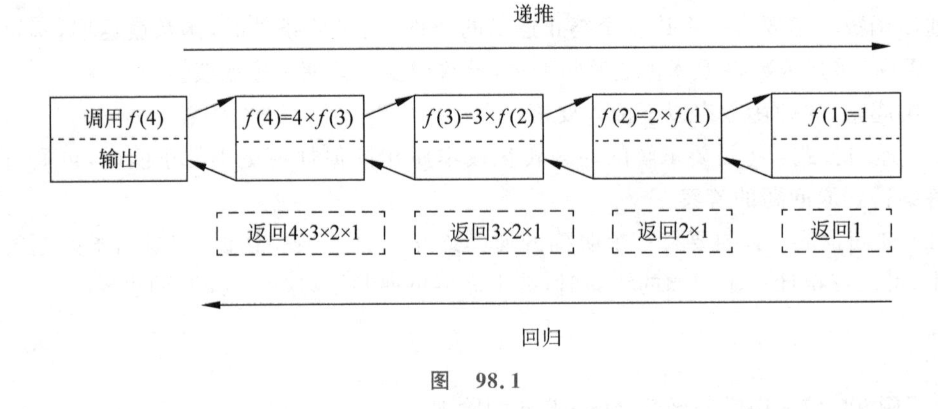

图 98.1

由图 98.1 可知,一个递归问题可以分为递推和回归两个阶段。要经历许多步才能得到最终的值。

递归是一种典型的算法,使用递归算法虽然能使程序代码简单易读,但会产生相当大的系统开销。因此,在解决实际问题时,应根据问题的本质决定是否使用递归算法解决问题。

3. 递归算法与迭代算法

迭代算法也称辗转法。迭代是数值分析中通过从一个初始估计出发寻找一系列近似解来解决问题的过程,为实现这一过程所使用的方法称为迭代算法。

```
1  #include<iostream>
2  using namespace std;
3
4  long long f(int n) //递归算法
5  {
6      if(n==1)
7        return 1;
8      else
```

```
1  #include<iostream>
2  using namespace std;
3
4  long long f(int n) //迭代算法
5  {
6      int s=1;
7      for(int i=1;i<=n;i++)
8        s*=i;
```

```
 9          return n*f(n-1);
10  }
11
12  int main()
13  {
14      int n;
15      cin>>n;
16      cout<<f(n)<<endl;
17      return 0;
18  }
```

```
 9          return s;
10  }
11
12  int main()
13  {
14      int n;
15      cin>>n;
16      cout<<f(n)<<endl;
17      return 0;
18  }
```

【说明】

(1) 任何可以用递归算法解决的问题均可以使用迭代算法来解决。

(2) 应根据所要解决问题的性质决定是使用递归算法还是迭代算法。

(3) 递归算法更符合人们的思路,程序可读性更强,迭代算法效率更高。

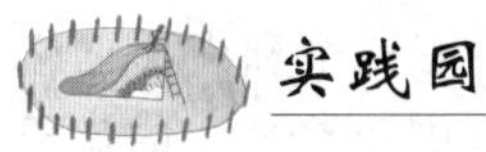

实践园

(1) 用递归算法求斐波那契数列第 n 项($n \leqslant 20$)。

(2) 用递归算法求 m 和 n 两个数的最大公约数($m>0, n>0$)。

第 99 课　汉诺塔问题

导学牌

学会使用递归算法解决汉诺塔问题。

【例 99.1】 汉诺塔问题。这是一个经典的数学问题：古代有一个梵塔，塔内有 A、B、C 3 个座，A 座上有 64 个盘子，盘子大小不等，大的在下，小的在上。有一个和尚想把这 64 个盘子从 A 座移到 C 座，但每次只允许移动一个盘子，并且在移动过程中，3 个座上的盘子始终保持大盘在下，小盘在上。在移动过程中可以利用 B 座放盘子，要求输出移动的步骤。

汉诺塔问题示意图如图 99.1 所示。

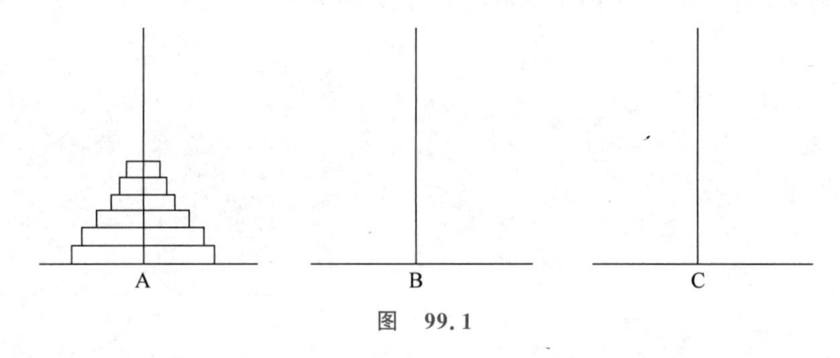

图　99.1

【样例输入】

```
2
```

【样例输出】

```
A-->B
A-->C
B-->C
```

【问题分析】

当盘子数 $n=1$ 时，只需要移动一次：A→C。

当盘子数 $n=2$ 时，初始状态如图 99.2 所示。

需要移动三次，示意图如图 99.3～图 99.5 所示。

第 1 次：A→B。

第 2 次：A→C。

第 3 次：B→C。

当盘子数 $n=3$ 时，则需要移动 7 次(示意图略，可以自行画出示意图)。

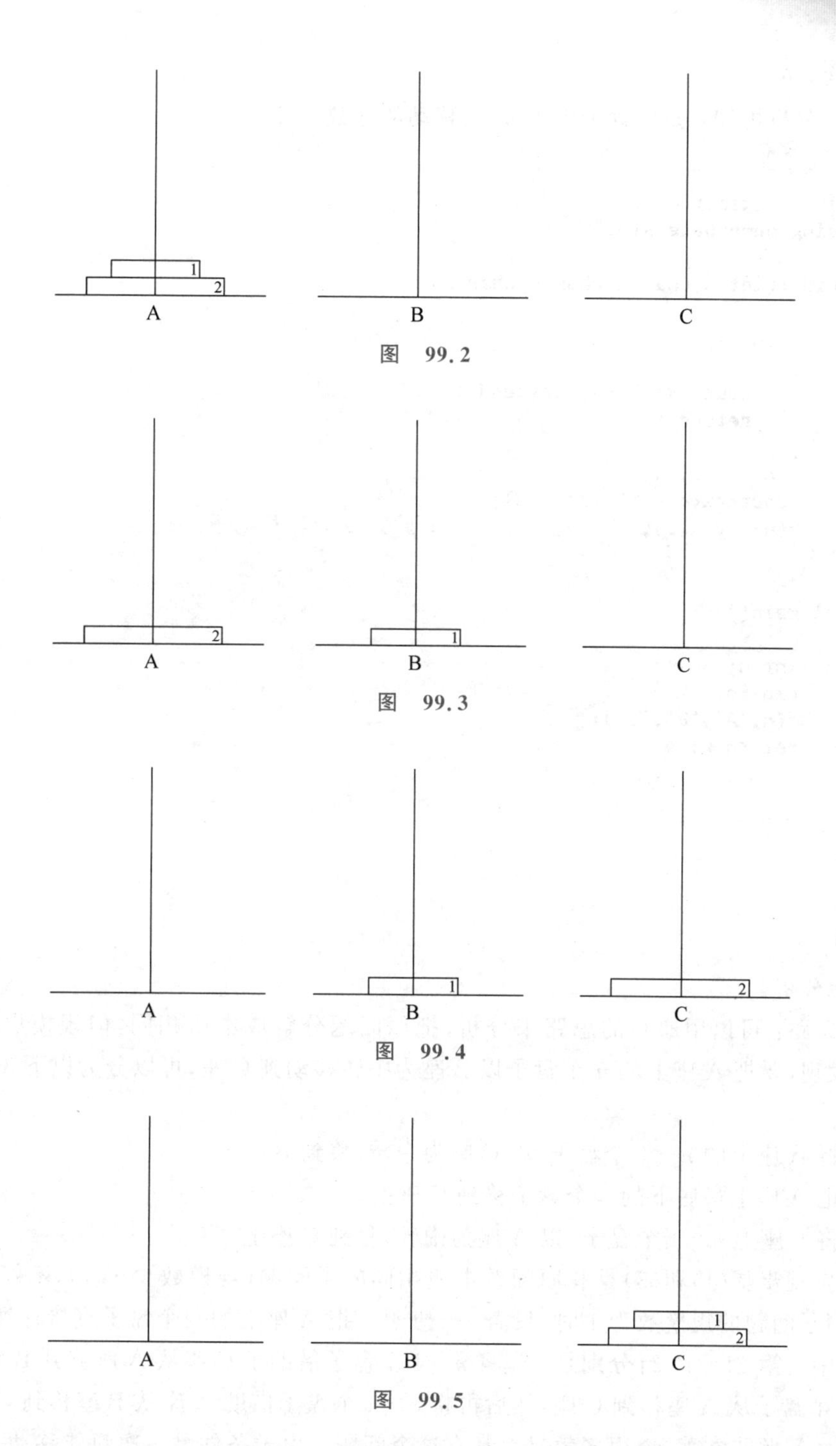

图 99.2

图 99.3

图 99.4

图 99.5

第 1 次：A→C。

第 2 次：A→B。

第 3 次：C→B。

第 4 次：A→C。

第 5 次：B→A。

第 6 次：B→C。

第 7 次：A→C。

由以上分析可知：如果盘子数为 n，则移动的次数为 2^n-1。

【参考程序】

```
1  #include<iostream>
2  using namespace std;
3  
4  void f(int n,char x,char y,char z)
5  {
6      if(n==1)                          //只需移动一个盘子
7      {
8          cout<<x<<"-->"<<z<<endl; //直接从x移到z
9          return ;
10     }
11     f(n-1,x,z,y);                    //先将n-1个盘子从x移到y
12      cout<<x<<"-->"<<z<<endl;    //再将一个盘子从x移到z
13     f(n-1,y,x,z);                    //再将n-1个盘子从y移动z
14 }
15 
16 int main()
17 {
18     int n;
19     cin>>n;
20     f(n,'A','B','C');
21     return 0;
22 }
```

【运行结果】

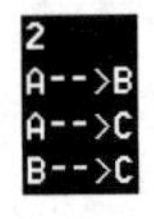

【程序分析】

设计思路：可以用递归的思路来分析，把原问题分解成本质相同，但规模更小的子问题，你会发现，要把 A 座上的 n 个盘子以 B 座为中转移动到 C 座，可以分为以下 3 个步骤来完成。

(1) 将 A 座上的 $n-1$ 个盘子，以 C 座为中转，移到 B 座上。

(2) 把 A 座上最底下的一个盘子移到 C 座上。

(3) 将 B 座上 $n-1$ 个盘子，以 A 座为中转，移到 C 座上。

可以发现步骤(1)和(3)是和原问题本质相同的子问题(规模数少了 1)，不停地递归下去，直到当子问题的规模数为 1 时，只需一个步骤：把 A 座上的一个盘子直接移到 C 座上。

程序中的第 11～13 行分别是：先将 $n-1$ 个盘子借助于 C 座从 A 座移到 B 座，再把 A 座上第 n 个盘子从 A 座移到 C 座，然后再将 $n-1$ 个盘子借助 A 座从 B 座移到 C 座。

汉诺塔问题非常著名，很多教材上都有这个问题。由于条件是一次只能移动一个盘子，且不允许大盘子放在小盘子上面，所以 64 个盘子的移动次数是：$2^{64}-1=18446744073709551615$。这是一个天文数字，若每一微秒可能计算(并不输出)一次移动，那么也需要几乎一百万年。我们仅能找出问题的解决方法并解决较小 n 值时的汉诺塔问题，但很难用计算机解决 64 层的汉诺塔。

实践园

爬楼梯问题。刘老师爬楼梯，他可以每次走 1 级或者 2 级，输入楼梯的级数，求不同的走法数。例如：楼梯一共有 3 级，他可以每次都走一级，或者第一次走一级，第二次走两级也可以第一次走两级，第二次走一级，一共 3 种方法。

注：题目出自 http://noi.openjudge.cn 中 2.2 基本算法之递归和自调用函数/3089。

输入：输入包含若干行，每行包含一个正整数 n，代表楼梯级数，$1\leqslant n\leqslant 30$。

输出：不同的走法数，每一行输入对应一行输出。

【样例输入】

```
5
8
10
```

【样例输出】

```
8
34
89
```

提示：此题为斐波那契数列的应用，初值分别为 1、2。

第 100 课　放苹果问题

学会使用递归算法解决放苹果问题。

【例 100.1】　把 m 个同样的苹果放在 n 个同样的盘子里，允许有的盘子空着不放，问共有多少种不同的分法(用 k 表示)？5、1、1 和 1、5、1 是同一种分法。

注：题目出自 http://noi.openjudge.cn 中 2.3 基本算法之递归变递推/666。

输入：第一行是测试数据的数目 $t(0\leqslant t\leqslant 20)$，以下每行均包含两个整数 m 和 n，以空格隔开，$1\leqslant m, n\leqslant 10$。

输出：对输入的每组数据 m 和 n，用一行输出相应的 k。

【样例输入】

```
1
7 3
```

【样例输出】

```
8
```

【参考程序】

```
1  #include<iostream>
2  using namespace std;
3
4  int f(int m,int n)
5  {
6      if(m==0||n==1)          //边界条件
7        return 1;
8      if(n>m)                 //盘子数大于苹果数
9        return f(m,m);        //等价于盘子数和苹果数一样多
10     return f(m,n-1)+f(m-n,n);
11                         //有空盘子和没有空盘子的放法数之和
12 }
13
14 int main()
15 {
16     int m,n,t;
17     cin>>t;
18     while(t--)
19     {
20         cin>>m>>n;        //m个苹果，n个盘子
21         cout<<f(m,n)<<endl;
22     }
23     return 0;
24 }
```

【运行结果】

【程序分析】

算法设计步骤如下。

(1) 当苹果数 m 为0时,只有一种放法:盘子全空;当盘子数为1时,也只有一种方法:所有苹果全放到了这个盘子里。这两种情况是递归的终止条件,即递归边界。

(2) 当盘子数 n 大于苹果数 m 时,多出 $n-m$ 个空盘子,这种情况相当于苹果数与盘子数相等的情况,即相当于将 m 个苹果放入 m 个盘子里的放法数,可以得到公式:$f(m,n)=f(m,m)$。

(3) 当盘子数 n 小于苹果数 m 时,分以下两种情况。

第一个是没空盘子的放法:每个盘子至少放一个苹果的情况,则剩下的苹果数为 $m-n$ 个,这种情况相当于将 $m-n$ 个苹果放入 n 个盘子里的放法数,可以得到公式:$f(m-n,n)$。

第二个是有空盘子的放法:至少有一个空盘子,这种情况等价于将 m 个苹果放入 $n-1$ 个盘子里的放法数,可以得到公式:$f(m,n-1)$。

把 m 个苹果放到 n 个盘子且有空盘的方法数等于没空盘子和有空盘子的放法数之和:$f(m-n,n)+f(m,n-1)$。

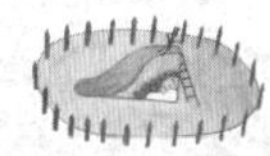

实践园

Pell 数列 $a_1,a_2,a_3,\cdots$ 的定义如下:

$$a_1=1,\quad a_2=2,\quad \cdots,\quad a_n=2*a_{n-1}+a_{n-2}\quad (n>2)$$

给出一个正整数 k,要求 Pell 数列的第 k 项模上 32767 是多少。

注:题目出自 http://noi.openjudge.cn 中 2.2 基本算法之递归和自调用函数/1788。

输入:第1行是测试数据的组数 n,后面跟着 n 行输入。每组测试数据占1行,包括一个正整数 $k(1\leqslant k<1000000)$。

输出:n 行,每行输出对应一个输入。输出应是一个非负整数。

【样例输入】

```
2
1
8
```

【样例输出】

```
1
408
```

提示:直接使用递归算法在线提交(http://noi.openjudge.cn/ch0202/1788/)会超时。可以利用数组进行记忆化递归,当然也可以使用非递归算法求解,即使用迭代算法求解此问题(详见实践园习题解)。

Chapter 11

第11章

结构体

在前面的各章里，程序中用到的都是基本类型的数据。但在处理实际问题时，常常会遇到比较复杂且呈现多样化的问题，这时简单的变量类型是无法满足要求的。

因此，C++语言提供了“结构体”用于解决这样的问题。这一章将介绍“结构体”以及它的应用。

第 101 课 结构体类型

(1) 理解结构体的概念。

(2) 掌握定义结构体变量的方法。

(3) 理解结构体变量的引用以及初始化。

在处理大批量数据时,一般会使用数组来实现,数组中各元素都属于同一个数据类型。但在实际问题中,要处理的一组数据往往具有不同的数据类型。如一个学生的个人信息有学号(num)、姓名(name)、性别(sex)、年龄(age)、家庭住址(address)等,如表 101.1 所示。这些个人信息中包含了不同的数据类型,而这些不同的数据类型又是相互联系的,它们都是这个学生的属性。

表 101.1

num	name	sex	age	addres
20200020	张三	M	12	Nanjing

那么,该如何把这些不同类型、不同含义的数据当作一个整体来处理呢?

为了解决实际问题,C++提供了一种用户自定义的数据类型——结构体。

C++中的结构体是由一系列具有相同类型或不同类型的数据构成的数据集合,也叫结构。

1. 结构体变量的定义

1) 在定义结构体类型时,同时定义结构体变量

```
struct 结构体类型名{
成员列表;
成员函数;
}结构体变量列表;
```

【说明】

(1) struct 是结构体类型的关键字。

(2) 成员列表可以有多个成员。

(3) 成员函数可以有多个,也可以没有。

(4) 结构体变量列表可以是一个变量,也可以是多个变量,如果是多个变量,变量名之间用逗号隔开。

例如:

```
struct student{      //定义结构体类型 student
    int num;
    char name[20];
    char sex;
    int age;
    char address[100];
}s1,s2;              //定义两个结构体类型 student 的变量 s1,s2
```

2）先定义结构体，再定义结构体变量

```
struct 结构体类型名{
    成员列表;
    成员函数;
};
结构体名 结构体变量列表;
```

例如：

```
struct student{      //定义结构体类型 student
    int num;
    char name[20];
    char sex;
    int age;
    char address[100];
};
student s1,s2;       //定义两个结构体类型 student 的变量 s1,s2
```

在定义结构体变量时需注意，结构体变量名和结构体名不能相同。在定义结构体时，系统对其不分配实际内存，只有定义结构体变量时，系统才为其分配内存。

2. 结构体变量的引用

定义结构体变量后，就可以引用或访问这个变量的成员了。

引用变量成员的一般格式如下：

```
结构体变量名.成员名
```

其中，“·”是成员符，它在所有的运算符中优先级最高，因此可以将其当成一个整体来看，即当成一个变量。与其他变量的操作相似。

例如：

```
s1.num = 20200020;                //将 20200020 赋值给结构体变量 s1 中的成员 num
cin >> s2.num;                    //键盘读入数据
```

3. 结构体变量的初始化

结构体类型与其他数据类型一样，也可以在定义结构体变量时赋初值。

例如：

```
struct student{
        int num;
        char name[20];
        char sex;
        int age;
        char address[100];
}s1 = {20200020, "张三" ,'M',12, "Nanjing" };
```

或者在主函数中初始化：

```
student s1 = {20200020, "张三" ,'M',12, "Nanjing"};
```

【例 101.1】 定义两个结构体 Date 和 Student，一个表示日期(Date)，一个表示学生的个人信息(Student)。其中 Date 结构体是 Student 结构体中的成员。Date 结构体成员包含 year(年)、month(月)、date(日)；Student 结构体成员包含 num(学号)、name(姓名)、sex(性别)、age(年龄)、birthday(出生日期)，如表 101.2 所示。

表 101.2

num	name	sex	age	birthday		
				year	month	day

【参考程序】

```
1  #include<iostream>
2  using namespace std;
3
4  struct Date{                //定义Date结构体
5      int year;
6      int month;
7      int day;
8  };
9  struct Student{             //定义Student结构体
10     int num;
11     char name[20];
12     char sex;
13     Date birthday;          //Date结构体变量birthday
14 };
15
16 int main()
17 {
18     Student s1={20200020,"张三",'M',2010,10,1};//初始化
19     cout<<s1.num <<endl;
20     cout<<s1.name <<endl;
21     cout<<s1.sex <<endl;
22     cout<<s1.birthday.year<<"/";
23     cout<<s1.birthday.month <<"/";
24     cout<<s1.birthday.day <<endl;
25     return 0;
26 }
```

【运行结果】

【程序分析】

程序中的第 4～8 行先定义了一个 Date 结构体类型，包含 3 个结构体成员：year、month、day。然后第 9～14 行定义了 Student 结构体类型，将其成员 birthday 指定为 Date 型。在第 22～24 行中分别引用了成员结构体变量的成员，如 s1. birthday. year 表示 s1 变量中结构体变量 birthday 的成员 year 变量的值。

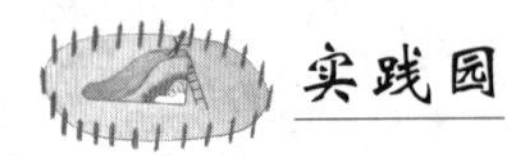

实践园

输入一个学生的信息，包括姓名、性别、年龄、体重、身高，再输出这些信息。

第 102 课　结构体数组

掌握结构体数组。

定义一个结构体数组的方式与定义结构体变量的方法相同，只是将结构体变量替换成数组。

结构体数组的一般格式如下：

```
struct 结构体类型名{
    成员列表;
    成员函数;
}数组名;
```

同样地，就像定义结构体变量一样，定义结构体数组也可以有不同的方式。可以在定义结构体时，同时定义结构体数组。

例如：

```
struct student{          //定义结构体类型 student
      int num;
      char name[20];
      float score;
      }s1[6];            //定义结构体数组
```

也可以先定义结构体，再定义结构体数组。

例如：

```
struct student{          //定义结构体类型 student
      int num;
      char name[20];
      float score;
      };
student s1[6];           //定义结构体数组
```

【例 102.1】 找出最高分。通过结构体变量记录学生成绩，找出最高分后，输出该学生的信息。

```
1 #include<iostream>
2 using namespace std;
```

```
3 struct student{                              //定义结构体
4     int num;
5     char name[20];
6     float score;
7 };
8 int main()
9 {   student s1[6]=
10    {   {1001,"宋一",87},{1002,"陈二",98},
11        {1003,"张三",95},{1004,"李四",83},
12        {1005,"王五",91},{1006,"赵六",96},
13    };                                       //定义结构体数组
14    int i,t,max_score;
15    max_score=s1[0].score ;                  //初始化最高成绩
16    for(i=1;i<6;i++)
17    {   if(s1[i].score>max_score)
18        {   max_score=s1[i].score;
19            t=i;
20        }
21     }
22     cout<<s1[t].num<<" ";                  //输出最高成绩的学号
23     cout<<s1[t].name<<" ";                 //输出最高成绩的姓名
24     cout<<s1[t].score<<endl;               //输出最高成绩
25     return 0;
26 }
```

【运行结果】

```
1002 陈二 98
```

【程序分析】

一个结构体变量中可以存放一组数据(如一个学生的学号、姓名、成绩等),当需要较多结构体变量时,就可以使用结构体数组。与一般的数组不同的是,结构体数组元素都是一个结构体类型的数据,每个元素又各自包含结构体成员。如程序中的第 9 行,student s1[6]表示定义了一个名为 s1 的结构体数组,该数组包含 6 个元素,每个元素都是一个 student 结构体类型。

实践园

设计一个候选人选票统计小程序。假设有 3 个候选人,从键盘输入要选择的候选人名字,有 10 次投票机会,最后输出每个候选人的得票情况。

【样例输入】

```
张三 李四 张三 王五 李四 张三 王五 李四 王五 张三
```

【样例输出】

```
张三 4
李四 3
王五 3
```

第 103 课　成绩统计

掌握结构体的应用。

【例 103.1】　成绩统计。输入 n 个学生的姓名和语文、数学的得分，按总分从高到低输出。分数相同的按输入先后输出。

输入：第 1 行，有一个整数 n，n 的范围是 1～100；下面有 n 行，每行一个姓名，两个整数。姓名由不超过 10 个的小写字母组成，整数范围是 0～100。

输出：总分排序后的名单，共 n 行，每行格式为姓名、语文、数学、总分。

【样例输入】

```
4
gaoxiang 78 96
wangxi 70 99
liujia  90 87
zhangjin 78 91
```

【样例输出】

```
liujia 90 87 177
gaoxiang 78 96 174
wangxi 70 99 169
zhangjin 78 91 169
```

【参考程序】

```
1  #include<iostream>
2  using namespace std;
3  struct Student{
4      char name[20];
5      int chinese,math;
6      int tot;
7  };
8  Student a[101]; //定义一个数组a，每个元素都是Student类型
9  int main()
10 {   int n; cin>>n;
11     for(int i=0;i<n;i++)     //对结构体中成员的赋值
12     {   cin>>a[i].name>>a[i].chinese >>a[i].math ;
13         a[i].tot =a[i].chinese +a[i].math ; //计算总分
14     }
15     for(int i=n-1;i>0;i--)  //按总分排序（冒泡排序法）
16       for(int j=0;j<i;j++)
```

```
17            if(a[j].tot <a[j+1].tot )
18               swap(a[j],a[j+1]);
19        for(int i=0;i<n;i++)    //输出
20        { cout<<a[i].name <<" ";
21          cout<<a[i].chinese  <<" ";
22          cout<<a[i].math <<" ";
23          cout<<a[i].tot <<endl;
24        }
25        return 0;
26    }
```

【运行结果】

```
4
gaoxiang 78 96
wangxi 70 99
liujia 90 87
zhangjin 78 91
liujia 90 87 177
gaoxiang 78 96 174
wangxi 70 99 169
zhangjin 78 91 169
```

【程序分析】

程序中第 3～7 行定义了一个结构体类型 Student。第 8 行定义了一个数组 a，每个元素都是 Student 类型。

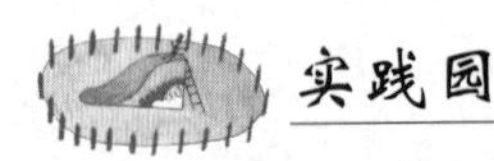

实践园

谁考了第 k 名。在一次考试中，每个学生的成绩都不相同，现知道了每个学生的学号和成绩，求考第 k 名学生的学号和成绩。

注： 题目出自 http://noi.openjudge.cn 中 1.10 编程基础之简单排序/01。

输入： 第一行有两个整数，分别是学生的人数 $n(1\leqslant n\leqslant 100)$ 和要求的名次 $k(1\leqslant k\leqslant n)$。其后有 n 行数据，每行包括一个学号(整数)和一个成绩(浮点数)，中间用一个空格分隔。

输出： 输出第 k 名学生的学号和成绩，中间用空格分隔。

注意： 请用%g 输出成绩。%g 是指用来输出实数，它根据数值的大小，自动选 f 格式或 e 格式(选择输出时占宽度较小的一种)，且不输出无意义的 0。即%g 是根据结果自动选择科学记数法还是一般的小数记数法。

【样例输入】

```
5 3
90788001 67.8
90788002 90.3
90788003 61
90788004 68.4
90788005 73.9
```

【样例输出】

```
90788004 68.4
```

第104课　生日相同

导学牌

掌握 sort()函数在结构体中的应用。

【例 104.1】　在一个有 180 人的大班级中，存在两人生日相同的概率非常大，现给出每个学生的名字和出生月日，试找出所有生日相同的学生。

输入：第一行，只有一个整数 n，表示有 n 个学生，$n \leqslant 180$；此后每行包含一个字符串和两个整数，分别表示学生的名字(名字首字母大写，其余小写，不含空格，且长度小于 20)、出生月($1 \leqslant m \leqslant 12$)和日($1 \leqslant d \leqslant 31$)。名字、月、日之间用一个空格分隔。(保证数据为有效日期)

输出：每组生日相同的学生输出 1 行，其中前两个数字表示月和日，后面跟着所有在当天出生的学生的名字。数字、名字之间都用一个空格隔开。对所有的输出，要求按日期从前到后的顺序输出。对生日相同的名字，按名字从短到长的顺序输出，名字长度相同的按字典序输出。如果没有生日相同的学生，输出 None。

【样例输入】

```
6
Avril 3 2
Candy 4 5
Tim 3 2
Sufia 4 5
Lagrange 4 5
Bill 3 2
```

【样例输出】

```
3 2 Tim Bill Avril
4 5 Candy Sufia Lagrange
```

【参考程序】

```
1  #include<iostream>
2  #include<algorithm>
3  using namespace std;
4
5  struct Student{
6      string name;
7      int mon;
8      int day;
9  };
```

```
10 Student a[201];
11
12 bool cmp(Student x,Student y) //比较函数
13 {        //按日期排序
14     if (x.mon!=y.mon) return x.mon<y.mon;
15     if (x.day!=y.day) return x.day<y.day;
16       //日期相同，按姓名排序
17     if (x.name.size()!=y.name.size())
18       return x.name.size()<y.name.size();
19     return x.name<y.name;
20 }
21
22 int main()
23 {
24     int n;
25     cin>>n;
26     for (int i=0;i<n;i++)
27     {
28         cin>>a[i].name>>a[i].mon>>a[i].day;
29     }
30     sort(a,a+n,cmp);
31     int date=0;
32     for(int i=0;i<n;i++)
33     {
34         //如果生日相同，输出日期和第i个人的姓名
35       if(a[i+1].mon==a[i].mon&&a[i+1].day==a[i].day)
36       {
37           cout<<a[i].mon<<' '<<a[i].day<<' '<<a[i].name<<' ';
38           while(a[i+1].mon==a[i].mon&&a[i+1].day==a[i].day)
39           {
40                //如果生日相同，date加1，并输出第i+1个人的姓名
41                date++;cout<<a[++i].name<<" ";
42           }
43           cout<<endl;
44       }
45     }
46     if(date==0) cout<<"None"<<endl;
47     return 0;
48 }
```

【运行结果】

```
6
Avril 3 2
Candy 4 5
Tim 3 2
Sufia 4 5
Lagrange 4 5
Bill 3 2
3 2 Tim Bill Avril
4 5 Candy Sufia Lagrange
```

【程序分析】

sort()函数对结构体的排序，需要自定义排序规则，如程序中的第12～20行自定义了一个比较函数cmp()用于按日期排序，如果日期相同就按名字长短进行排序。在结构体中使用sort()函数进行排序十分常见和方便，可以实现多关键字排序。在第17、18行中，size()是string类型的成员函数，调用方式为x.name.size()，它返回的值是name的大小，也就是name的长度。size()是string类型的特有函数，其调用方式是：变量名.函数名(参数)。

实践园

离散化基础。在以后要学习使用的离散化方法编程中，通常要知道每个数排序后的编

号(rank 值)。

输入：第 1 行，一个整数 N，范围在[1～10000]；第 2 行有 N 个不相同的整数，每个数都是 int 范围的，即在 $-2^{31} \sim 2^{31}-1$ 范围内。

输出：依次输出每个数的排名。

【样例输入】

```
5
8 2 6 9 4
```

【样例输出】

```
4 1 3 5 2
```

第 105 课　结构体作参数

理解结构体类型数据作为函数参数。

使用结构体作为函数的参数有三种形式，分别是：使用结构体变量作为函数参数；使用指向结构体变量的指针作为函数参数；使用结构体变量的成员作为函数参数。本书只介绍使用结构体变量作为函数参数。

使用结构体变量作为函数的参数时，采取的是“值传递”的方式，将结构体变量所占内存单元的内容全部顺序传递给形参，形参也必须是同类型的结构体变量。在函数调用期间，形参也占用内存单元。这种传递方式在空间和时间上开销均比较大。此外，如果在执行被调用函数期间改变了形参的值，该值不会返回主调函数。因此一般较少使用此方法。

【例 105.1】 使用结构体变量作为函数参数，求出二维平面上的一点到原点坐标(0,0)的欧几里得距离（图 105.1 中的 d）和曼哈顿距离（图 105.2 中的 d）。

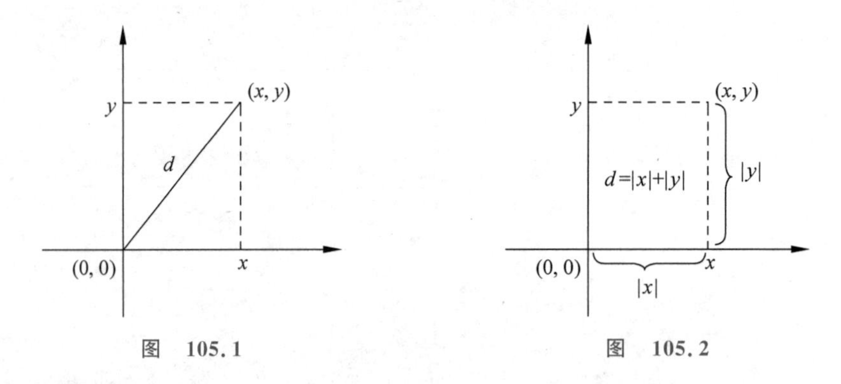

图　105.1　　　　图　105.2

提示：到原点的欧几里得距离 d 为 $\sqrt{x^2+y^2}$；到原点的曼哈顿距离 d 为 $|x|+|y|$。

【参考程序】

```
1  #include<iostream>
2  #include<cmath>
3  using namespace std;
4
5  struct point{              //定义结构体类型point
6      double x,y;
7  };
8
9  double dis0(point u)     //定义函数dis0，结构体变量u作参数
```

```
10 {
11      return sqrt(u.x*u.x +u.y*u.y );
12 }                          //返回到原点的欧几里得距离
13
14 double dis1(point u)       //定义函数dis1，结构体变量u作参数
15 {
16      return abs(u.x)+abs(u.y);
17 };                         //返回曼哈顿距离
18
19 int main()
20 {
21    point u;
22    cin>>u.x>>u.y;
23    cout<<dis0(u)<<endl;//调用函数，结构体变量u作为实参传递
24    cout<<dis1(u)<<endl;//调用函数，结构体变量u作为实参传递
25    return 0;
26 }
```

【运行结果】

```
3 4
5
7
```

【程序分析】

程序中的第 5～7 行定义了一个简单的结构体类型 point，包含两个 double 类型变量 x、y，表示二维平面上的一个点。第 9～12 行定义了一个名为 dis0 的函数，其中用结构体变量作为函数的形参。在函数体中，使用 u 引用结构体中的成员 x、y，返回(x,y)到原点的欧几里得距离。同样地，第 14～17 行定义了函数 dis1，引用结构体成员 x、y，返回(x,y)到原点的曼哈顿距离。

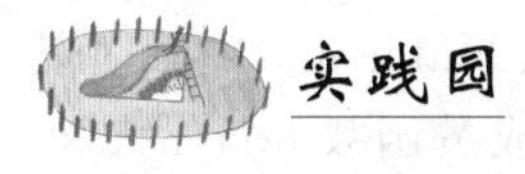

实践园

定义一个结构体类型 student，内含学生个人信息：学号、姓名、成绩。要求在主函数 main 中为学生个人信息赋值，在另一函数 output 中输出它们的值。

第 106 课 结构体成员函数

理解结构体内的成员函数及其应用。

在 C++中，允许在结构体内定义函数，该函数称为成员函数。

结构体中成员函数的一般格式如下：

```
struct 结构体类型名{
    成员列表;
    成员函数;
};
```

其中，成员函数可以是无参函数，也可以是有参函数。

【例 106.1】 定义一个结构体类型 point，point 内有两个 double 类型元素 x、y，分别表示二维坐标(x，y)；定义一个返回值为 double 类型的函数，用结构体 point 变量作为参数，即 double dist(point u)，返回点 u 到原点(0,0)的欧几里得距离的平方(勾股定理：$d^2=x^2+y^2$)；在结构体类型 point 内定义两个成员函数，即 double dis0()、double dis1()分别表示该点到原点(0,0)的欧几里得距离和曼哈顿距离，再定义两个有参成员函数 double dis2(point u)和 double dis3(point u)，分别表示该点到点 u 的欧几里得距离和曼哈顿距离。

【参考程序】

```
1  #include<iostream>
2  #include<cmath>
3  using namespace std;
4  struct point{                        //定义结构体类型point
5      double x,y,z;
6      double dis0()
7      {
8          return sqrt(x*x+y*y);
9      }
10     double dis1()
11     {
12         return abs(x)+abs(y);
13     }
14     double dis2(point u) //结构体变量u作成员函数的形参
15     {
16         return abs(x-u.x)+abs(y-u.y);
17     }
```

```
18        double dis3(point u) //结构体变量u作成员函数的形参
19        {
20            return sqrt((x-u.x)*(x-u.x)+(y-u.y)*(y-u.y));
21        }
22    };
23    double dist(point u)    //定义dist函数，结构体变量u作形参
24    {          //返回点u到坐标原点(0,0)的欧几里得距离的平方
25        return u.x*u.x+u.y*u.y;
26    }
27    int main()
28    {
29        point u,v;
30        u.x=3;u.y=4;;
31        v.x=15;v.y=9;;
32        cout<<u.dis0() <<endl; //调用成员函数dis0
33        cout<<u.dis1()<<endl;  //调用成员函数dis1
34        cout<<u.dis2(v)<<endl; //调用有参成员函数dis1
35        cout<<u.dis3(v)<<endl; //调用有参成员函数dis2
36        cout<<dist(u)<<endl;   //调用有参函数dist
37        return 0;
38    }
```

【运行结果】

【程序分析】

程序中的第 7～9 行和第 10～13 行在结构体 point 内部定义两个无参成员函数 double dis0()和 double dis1()，分别表示欧几里得距离和曼哈顿距离。第 14～17 行和第 18～21 行在结构体内部定义两个有参成员函数 double dis2(point u)和 double dis3(point u)，结构体变量作为形参。在第 32～36 行中分别调用了无参成员函数和有参成员函数。

实践园

甲流病人初筛。目前正是甲流盛行时期，为了更好地进行分流治疗，医院在挂号时要求对病人的体温和咳嗽情况进行检查，对于体温超过 37.5 摄氏度(含等于 37.5 摄氏度)并且咳嗽的病人初步判定为甲流病人(初筛)。现需要统计某天前来挂号就诊的病人中有多少人被初筛为甲流病人。

注：题目出自 http://noi.openjudge.cn 中 1.12 编程基础之函数与过程抽象/03。

输入：第一行是某天前来挂号就诊的病人数 n($n<200$)。其后有 n 行，每行是病人的 3 个信息，包括姓名(字符串，不含空格，最多 8 个字符)、体温(float)、是否咳嗽(整数，1 表示咳嗽，0 表示不咳嗽)。每行 3 个信息之间以一个空格隔开。

输出：按输入顺序依次输出所有被筛选为甲流的病人的姓名，每个名字占一行。之后再输出一行，表示被筛选为甲流的病人数量。

【样例输入】

```
5
Zhang 38.3 0
Li 37.5 1
Wang 37.1 1
Zhao 39.0 1
Liu 38.2 1
```

【样例输出】

```
Li
Zhao
Liu
3
```

第 107 课　结构体运算符重载

理解结构体内的运算符重载及其应用。

C++中的＋、－、*、/、%、＞、＜、＝＝等运算符只适用于一些基本类型(如 int、double、char 等类型)的运算,而不适用于结构体类型。例如要想实现使用运算符"＜"比较两个结构体类型,就必须做一些特殊处理,即对运算符"＜"进行重载。

运算符重载就是对已有的运算符赋予多重含义。

运算符重载的方法就是定义一个重载运算符的函数(称为运算符函数),使指定的运算符不仅能实现原有的功能,还能实现函数中指定的新功能。

运算符函数的一般格式如下:

```
类型名 operator 运算符(形参列表)
{
  对运算符的重载处理
}
```

【例 107.1】　在例 106.1 的基础上,对结构体 point 重载运算符"＜"和"＞",比较方式是比较两条欧几里得距离,如图 107.1 所示。如果结构体 u 小于 v(即 $d_1<d_2$),输出 A;否则,输出 B。

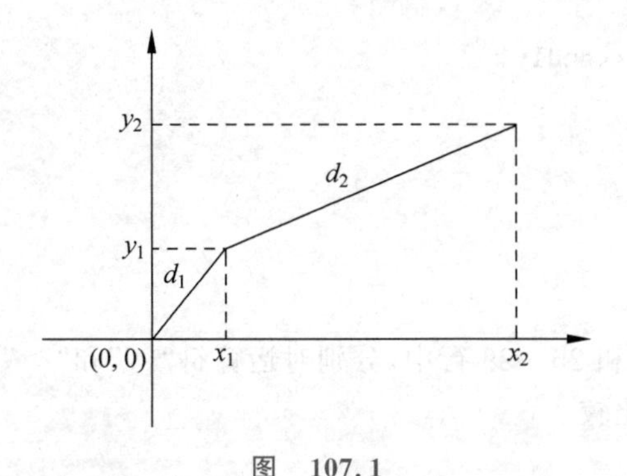

图　107.1

【参考程序】

```
1  #include<iostream>
2  #include<cmath>
3  using namespace std;
```

```
4  struct point{ //定义结构体类型point
5      double x,y,z;
6      double dis0()
7      {
8          return sqrt(x*x+y*y);
9      }
10     double dis1()
11     {
12         return abs(x)+abs(y);
13     }
14     double dis2(point u) //结构体变量u作成员函数的形参
15     {
16         return abs(x-u.x)+abs(y-u.y);
17     }
18     double dis3(point u) //结构体变量u作成员函数的形参
19     {
20         return sqrt((x-u.x)*(x-u.x)+(y-u.y)*(y-u.y));
21     }
22     bool operator<(point u) //重载运算符"<"
23     {
24          return dis0()<dis3(u);
25     }
26     bool operator>(point u)//重载运算符">"
27     {
28         return (dis0()>dis3(u)) ;
29     }
30 };
31 int dist(point u)//定义dist函数，用结构体point作参数
32 { //返回点u到坐标原点（0,0）的欧几里得距离的平方
33     return u.x*u.x+u.y*u.y;
34 }
35 int main()
36 {
37     point u,v,w;
38     u.x=3;u.y=4;
39     v.x=15;v.y=9;
40     if(u<v)
41       cout<<"A"<<endl;
42     else
43       cout<<"B"<<endl;
44     return 0;
45 }
```

【运行结果】

```
A
```

【程序分析】

在程序的第22～25和26～29行中，分别对运算符“<”和“>”进行重载，运算符重载后可以进行结构体类型的比较。

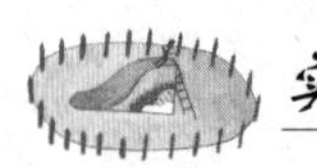

实践园

在例107.1的基础上，对结构体point重载运算符“+”和“-”，形参表类型和返回值类型均为point，加减法规则是分别对x、y坐标进行加减；再对结构体point重载运算符“*”，形参表类型为int，返回值类型为point，要求实现对一个点进行u倍放缩，即对x、y坐标均乘以u。

参 考 文 献

[1] 谭浩强. C++程序设计[M]. 3 版. 北京：清华大学出版社，2015.
[2] 林厚从. 信息学奥赛课课通[M]. 北京：高等教育出版社，2018.
[3] 董永健. 信息学奥赛一本通[M]. 北京：科学技术文献出版社，2017.
[4] 郭伟. 新标准 C++程序设计教程[M]. 北京：清华大学出版社，2020.
[5] 陈颖，邱桂香，朱全民. CCF 中学生计算机程序设计入门篇[M]. 北京：科学出版社，2018.
[6] 江涛，松新波，朱全民. CCF 中学生计算机程序设计基础篇[M]. 北京：科学出版社，2018.

附　　录

ASCII 码表

ASCII 码		字符	ASCII 码		字符	ASCII 码		字符	ASCII 码		字符
Dec	Hex		Dec	Hex		Dec	Hex		Dec	Hex	
032	20	空格	056	38	8	080	50	P	104	68	h
033	21	!	057	39	9	081	51	Q	105	69	i
034	22	"	058	3A	:	082	52	R	106	6A	j
035	23	#	059	3B	;	083	53	S	107	6B	k
036	24	$	060	3C	<	084	54	T	108	6C	l
037	25	%	061	3D	=	085	55	U	109	6D	m
038	26	&	062	3E	>	086	56	V	110	6E	n
039	27	'	063	3F	?	087	57	W	111	6F	o
040	28	(	064	40	@	088	58	X	112	70	p
041	29	)	065	41	A	089	59	Y	113	71	q
042	2A	*	066	42	B	090	5A	Z	114	72	r
043	2B	+	067	43	C	091	5B	[	115	73	s
044	2C	,	068	44	D	092	5C	\	116	74	t
045	2D	-	069	45	E	093	5D	]	117	75	u
046	2E	.	070	46	F	094	5E	^	118	76	v
047	2F	/	071	47	G	095	5F	_	119	77	w
048	30	0	072	48	H	096	60	`	120	78	x
049	31	1	073	49	I	097	61	a	121	79	y
050	32	2	074	4A	J	098	62	b	122	7A	z
051	33	3	075	4B	K	099	63	c	123	7B	{
052	34	4	076	4C	L	100	64	d	124	7C	|
053	35	5	077	4D	M	101	65	e	125	7D	}
054	36	6	078	4E	N	102	66	f	126	7E	~
055	37	7	079	4F	O	103	67	g	127	7F	DEL